家中园艺丛

精选30种花卉养护培育×让你生活惬意无瑕

打造别致
专属花园

慢生活工坊　编著

海峡出版发行集团 | 福建科学技术出版社
THE STRAITS PUBLISHING & DISTRIBUTING GROUP | FUJIAN SCIENCE & TECHNOLOGY PUBLISHING HOUSE

图书在版编目(CIP)数据

打造别致专属花园 / 慢生活工坊编著 . —福州：福建科学技术出版社，2017. 10

（家中园艺丛书）

ISBN 978-7-5335-5413-2

Ⅰ . ①打… Ⅱ . ①慢… Ⅲ . ①观赏园艺 Ⅳ . ① S68

中国版本图书馆 CIP 数据核字（2017）第 196770 号

书　　名　打造别致专属花园
　　　　　家中园艺丛书
编　　著　慢生活工坊
出版发行　海峡出版发行集团
　　　　　福建科学技术出版社
社　　址　福州市东水路76号（邮编350001）
网　　址　www.fjstp.com
经　　销　福建新华发行（集团）有限责任公司
印　　刷　福建彩色印刷有限公司
开　　本　700毫米×1000毫米　1/16
印　　张　8
图　　文　128码
版　　次　2017年10月第1版
印　　次　2017年10月第1次印刷
书　　号　ISBN 978-7-5335-5413-2
定　　价　35.00元

前言

PREFACE

“偷得浮生半日闲”，亲自动手为家居添上一抹绿色，增加一段悠闲的午后时光，让生活丰富有趣。

“家中园艺”系列丛书，包括《打造别致专属花园》《营造缤纷多肉世界》《巧种营养绿色蔬菜》三册，将适合阳台种养的花草、多肉、蔬菜囊括其中，向读者展示亲自动手栽种的成就感和乐趣。

《打造别致专属花园》一书中，用精简的笔墨和高超的绘图结合，将花草的养护要点、浇水施肥、光照养护、配土方案、繁殖等内容勾勒出来，使读者一目了然，减少栽种过程中的技术阻碍，同时能从书中得到简单、实用的知识，让读者栽植花草得心应手，并从栽植的过程中丰富家居环境，得到布置的乐趣。

参加本书编写的人员包括：李倪、张爽、易娟、杨伟、李红、胡文涛、樊媛超、张严芳、檀辛琳、廖江衡、赵丹华、戴珍、范志芳、赵海玉、罗树梅、周梦颖、郑丽珍、陈炜、郑瑞然、刘琳琳、楚晶晶、惠文婧、赵道强、袁劲草、钟叶青、周文卿等。由于作者水平有限，书中难免有疏漏之处，恳请广大读者朋友给予批评指正 。若读者有技术或其他问题可通过邮箱xzhd2008@sina.com和我们联系。

目录 CONTENTS

01 花草花园的环境

02 如何打造别致专属花园

03 花草园艺常识和基础操作

04 草本花卉的养护

05 木本花卉的养护

06

宿根及球根类花卉的养护

07

仙人掌及多浆花卉的养护

01 花草花园的环境

无论是阳台朝向还是周围环境，都会对花草的生长造成一定的影响，所以了解花草花园对环境的要求是很重要的，我们一起开始学习吧！

1.1 营造绿意盎然的空间，让鲜花在生活中绽放

无论在怎样的空间中，只要稍下功夫，再加上一些有新意的想法搭配，就能将空间营造成属于你自己的别致花园。要营造绿意盎然的空间，需要灵活运用空间、花器的长处等，让我们一起开始精彩的园艺盛会吧。

充分利用空间

现代生活中阳台的面积一般不会太宽敞，但是如果灵活运用，也可以营造出美美的环境。如图中所示，利用外围搭架的方式摆放娇艳欲滴的鲜花，充分利用外延的空间，打造美观阳台。

盆栽搭配

在长条形的空间中，也可以采用盆栽搭配的方式布置。如图所示，用色彩丰富、造型各异的盆栽花卉布置空间，让人仿佛置身于郁郁葱葱的花园王国中。

利用盆栽搭配布置空间，具有方便移动的特点，适合随时随地、随心所欲的布置。

悬挂、攀爬的搭配

布置空间有很多种方法，如图中所示，可以用悬挂、攀爬的搭配方式，来营造整个阳台空间氛围。适合悬挂的植物可以节省空间；攀爬的植物一般覆盖面较广，所以也很适合用来布置空间。

用悬挂、缠绕的方式充分利用阳台空间

巧用格子架

阳台上的钢筋水泥缺乏赏心悦目的美感，所以可以利用格子架来打造温馨的阳台。

格子架最好是木质的，可与鲜艳的植物相得益彰，完美搭配。格子架上可以种上形形色色的植物。

巧用台架

现代房型中阳台的面积都不会太大，所以要有效合理地利用起来，巧用台架布置阳台是很不错的选择。台架的高度最好与阳台的栏杆高度一致，层数可以根据需求而定，台架的最高层可以摆放一些株形较大的植物，如海棠、红掌等，其他底层可以摆放一些多肉和小型的植物，如条纹十二卷、观音莲、铜钱草等。

台架的巧用能有效地节约空间，且层次分明的植物摆放具有完美的视觉感，是现代惬意生活中不可或缺的布置。

开放的起居室

在生活中可以将阳台当作生活中的一部分，成为开放的起居室。如图中可以将观赏的金盏菊搭配木盆等一起摆放在阳台中，也可以将阳台利用成偶尔小憩的地方，在室外享受片刻的安宁与舒适。

阳台还可以与家居的卫浴间、会客厅完美结合，如在白色的卫浴间外露阳台中，将绿色盎然的观叶植物用高雅的瓷白瓶种植，与室内的卫浴间呼应，给人一种的洁白无瑕的感觉。

如果是半圆形宽敞的阳台还可以摆上茶几与配套的椅子，在休闲的午后邀上三五知己，喝茶聊天，好不惬意。为与木质的茶几等搭配，可以摆放一些大型的观叶植物，如发财树、榕树等。

阳台的基本类型

阳台根据结构和类型的不同有不同的分类方法，但结合花卉对光照、温度的需求和阳台的位置来划分，可分为外阳台、内阳台、内外结合式阳台！

外阳台

外阳台是我们平时最常见的也称凸阳台，是以向外伸出悬挑板、悬挑梁板作为阳台的地面，再由各式各样的围板、围栏组成一个半室外空间。空间比较独立，大小不一，能够灵活布局，很适合花卉的种植与养护。

内阳台

与外阳台相比，内阳台无论从建筑本身还是人的感觉上更显得牢固可靠，安全系数更大。占用住宅内面积的半开敞式建筑空间，逐渐受到用户的青睐，内阳台避免了风吹雨打的问题，更加富有人文理念。

内外结合式阳台

内外结合式阳台是指阳台的一部分悬在外面，另一部分占用室内空间，它集内、外两类阳台的优点于一身，使用、布局更加灵活自如，更加有利于住户的居住。

小贴士 Tips

外阳台有利于空气流通，适合花卉的养护；而内阳台则不利于空气流通，但保证了花卉避免风吹雨打的威胁；而内外结合式的阳台则有两者的利弊，也很适合花卉的养护，在日常生活中根据花卉的特点稍加注意即可。

阳台种花的优点

阳台在建筑上具有美学功能，我们在阳台上种植一些漂亮的花卉，组合搭配栽植，可谓锦上添花，既可以净化室内环境空气，又可使室内环境“春意盎然”，别有一番情趣。

阳台种花的优点

随着人们生活节奏的加快，高楼大厦随处可见，尤其是在大中城市，高楼大厦鳞次栉比，建筑物的高度也日益增加。所以利用阳台种植花卉，能够为人们创造一个舒适的内部居住环境，给人们带来精神上和物质上的双重享受。

同时，由于全球气候变化，温室效应加剧，气温升高，人们的心理和生理都有着巨大的压力，因此我们利用阳台这一条件来养殖花卉，既可以减少环境污染，净化、美化我们的室内空气环境，同时在我们一天紧张的工作后可以浇浇花，修剪花卉，对于我们的心理也是一种极大的放松和慰藉。

阳台上种花有很多优越性，阳台是室内环境中空气流通最好的区域，二氧化碳供应比较充足，热量丰富。白天阳台吸收热量，升温快，夜间气温又较低，其昼夜温差一般都在 10℃以上。白天气温高，有利光合作用的进行，夜晚温度低，呼吸作用消耗养料较少。在阳台种植花卉，气温、湿度、养分等各个方面都有利于花卉的生长，不仅使得花卉叶茂花盛，而且观赏价值也较高。

阳台上我们可以种植一些攀爬类的植物。随着植株的生长，窗口四周和墙壁上的攀缘植物，都能防止阳光直射，降低室温。在阳台上种植花卉不仅能调节室内气温，还能绿化环境，在花开的时候还有赏心悦目的作用。

丰富生活、振奋精神

现代人每天都处在精神高度紧张的状态，我们回家后看到红花绿叶，闻到阵阵浓郁的花香，会感到心旷神怡，让紧张一天的心智有一个放松的环境和空间。闲暇之际，对阳台上的花卉进行修剪、浇水、管理，能够让我们的心情有一个充分的放松，也是增加生活情趣重要的手段之一。

锻炼身体、增进健康

花卉的养殖不是一朝一夕的，而是一个长久的过程，不分严寒酷暑，春夏秋冬，一年四季都需要我们照护看管。上盆定植、移栽、换盆、修剪、浇水、施肥等，这一系列的过程能够让我们的身心有一个充分的舒展与放松。

增加知识、培养美德

养殖花卉不仅需要人力的投入，更需要丰富的养花知识。懂得花卉的修剪，病虫害的防治，花卉习性的掌握等等，不仅可以增加知识，学会养花技术，同时可以陶冶我们的情操。

花能抒情、花美情深

鲜花永远是美好、幸福、友谊的象征，我们将亲自养护的花卉送给亲朋好友，不仅可以促进感情的交流，同时也是我们对于亲人和朋友的一种祝福，意义更加深远。

小贴士 Tips

在家中养护花卉的好处多多，所以不要吝啬抽出一点时间，让你的阳台居室变得绿意盎然、充满生机。

不同环境养花的关键

实用型的传统容器中，瓦盆、瓷盆、紫砂盆透气性较好，只要不磕碰，能够使用十年，一般都不会坏。所以在选择合适的容器时，可以根据个人的喜好和习惯选择不同种类的容器。

阳台养花的关键

因为阳台光照充分，有益于植物的生长。因此在城市中大部分养花爱好者都选择阳台作为植物摆放的场所。将阳台封闭起来，再在阳台外面安装护栏和托架，通过这种方法，无论是春夏秋冬，都可以在阳台上养花。冬季阳台要有取暖或保温措施，抗寒能力强的花靠外摆放，抗寒能力弱的花靠内摆放，并注意及时将花移至室内以确保其不会被低温冻伤。

客厅养花的关键

家中客厅一般面积大，光照佳，且室内温度适宜。相对于其他地点，植物种类的可选择性大。易养的常绿植物如吊兰、文竹、绿萝、常春藤等都十分适合在客厅培养。一些颜色艳丽的花卉植物，如牡丹、马蹄莲等也能为单调的家居环境增色不少。在平时的养护过程中，注意保持植物的光照即可。

卧室养花的关键

卧室一般面积较小且光照条件一般，所以比较适宜摆放一些小型的、容易存活的植物。因为卧室是人们睡觉休憩的重要场所，所以气味过于浓郁的植物不可在卧室摆放，以免影响居住者的睡眠质量。月季、百合等气味浓郁的花尤其不适宜在卧室摆放。在选择植物时可结合居住者的自身性格和年龄，水仙、袖珍椰子等观赏性佳的植物都可以在卧室进行培养。

在客厅中摆放常春藤等绿色植物，能让空间变得生机勃勃

书房养花的关键

书房多处于背光面，且面积相对狭小，所以摆放耐阴且株形不大的植株较为适宜，如绿萝、文竹等。

书房中有电脑的辐射或者一氧化碳、二氧化硫等有害气体，摆放一些净化空气类植物，可以缓慢吸收环境中有害的气体，对人体健康有益。山茶、袖珍椰子、金琥等植物是四季常绿的，适合室内摆放。

儿童房养花的关键

儿童房的采光一般都比较差，且空间较小，所以一般选择一些耐阴植物进行栽培比较适宜，如绿萝、文竹、令箭荷花等。如果花卉的花粉在室内环境中飘浮，可能会刺激儿童稚嫩的皮肤，所以一些有刺激性的花卉植物，如风信子、百合等不适合在儿童房中养护，同时应保持室内通风良好且环境整洁。另外，植物的泥土及枝叶容易滋生蚊虫，对儿童的健康也不利。

厨房养花的关键

厨房温湿度变化较大，应选择一些适应性强的小型盆花，如三色堇等。但是厨房不宜选用花粉太多的花，以免开花时花粉落入食物中。

考虑厨房室内较弱的自然光照条件，宜选择具喜阴、耐阴习性的种类，如常春藤、文竹、绿萝、君子兰等。不同季节，可以更换不同的植物品种。餐桌上花卉要少而精，选择得当的话，会对进餐者的食欲起到促进作用。

卫浴间养花的关键

卫生间内的湿气和温度都比较高，而且密封性强，通风性差，透光也相对较弱，对一般植物的生长很不利。绿化时必须选择喜阴植物，如羊齿类植物中的抽叶藤、蓬莱蕉等。植物的摆放位置也要特别注意，避免洗澡的时候肥皂泡沫飞溅进去，对植物造成伤害。应尽量摆放在较高的地点，并保持卫生间的通风。

02

如何打造别致专属花园

想要打造属于您的专属花草花园，首先要找到与你性情相投的植物，然后了解他们的生长习性，才能相处融洽。其次应准备各种园艺用具，让花园今后的打造之路越走越顺利。

2.1 找到与你性情相投的植物

开始打造属于你的花草花园前，找到喜欢的植物是至关重要的，同时也要与您习惯的作息生活相符合，让我们一起来选择吧。

水培植物

如果是一个不经常外出，日常工作之余想要通过培养花卉植物来放松自己，并且是一个注重室内细节、注重身体健康的人，您可以选择一些水培植物来打造您的居室。水培植物无需土壤，干净，管理方便，是这类人群喜好的植物。适合水培的植物有绿萝、常春藤、袖珍椰子、风信子等。

草本植物

如果您是一个注重生活品质、喜欢欣赏悦目风景的人，并且是一个活在当下、乐于享受的人，您适合养护一些一年生的草本植物，这些植物具有开花数量多、易管理的特点，且能让您一整年都能欣赏到绽放的鲜花，这些一年生草本植物在鲜花落败时，即完成了他们的使命。

宿根植物

如果您是一个做事有计划且很有耐心的人，您可以选择一些宿根类植物来培养。宿根类植物是一种需要长期投入、深入了解的植物，它能在花败之后，第二年重新开花，所以在选择您喜欢的植物时，要考虑植物的花期、花形、花色、株高、休眠期等，是否是您需要的，因为宿根植物将会陪伴您很久，所以选择时需谨慎。

水培的绿萝

球根植物

如果您是一个注重装饰细节，并想要得到不一样美的享受的人，您可以尝试选择球根类植物来陪伴您。球根类植物顾名思义具有较大的根茎，即用根茎来储存养分。球根类植物如风信子、水仙等在花开时具有别样的美，在休眠期也因为具有欣赏度高的造型而受到人们的喜爱。

多肉植物

如果您是一个喜爱新奇、喜欢体验生活但又有点懒散的人，您可以选择多肉植物。多肉植物是新近流行起来的一种植物，具有小巧、肉多、萌态可掬的特点，同时多肉植物具有好养易活、繁殖容易的特点，是年轻一代喜好的植物。多肉植物因为多来自于干旱的热带地区，所以具有耐干旱的特点，就算是懒散的人也可以养活。

山野植物

如果您是一个热爱自然、喜欢舒适的山野生活的话，你可以选择一些来自山野的植物，这些植物没有大红大紫的花朵、没有鲜艳的叶片，但是却能让您尽情感受来自自然的呼唤。这些植物对于土壤、水分、湿度等都没有很严格的要求，只要提供适当的生存环境，他们就能像在山野中一样生长开花。为了增加养护的乐趣，还能利用自然器皿去制作花盆，如石头、木头等，与山野植物搭配，更能营造自然意趣。

2.2 与花卉融洽相处的基础课程

要想与花卉相处融洽，就要了解对花卉生长发育起着至关重要的因素，主要包括温度、水分、土壤、光照。在植物生长的不同阶段，对上述因子的需求是不同的，想要培育出健康、生长良好的花卉，应把握花卉不同时期对这些因素的要求。

温度

每种花卉的生长发育都有其最适温度、最高温度和最低温度，超过最高或最低温度，花卉就不能生存。如茉莉花、令箭荷花等，它们的原产地在南方地区，移植到北方种植，在冬季就要及时把它移入室内，以防冻枯。反之，原产于北方的花卉如移植到南方温暖地带，就应给予凉爽的环境，否则也难以存活。

水分

水分是花卉赖以生存的必要条件，对花卉的生长发育影响重大。水分过多，植株徒长、烂根并抑制花芽分化，甚至死亡；严重缺水，又易造成植株枯萎、干枯。

土壤

土壤是供给花卉水分和养料的主要来源，因为花盆的容积是有限的，所以对土壤的要求更讲究。不同的花卉对土壤的要求不同。

光照

光照影响花卉的生长发育，光照的强弱甚至决定着某些花卉开放的时间，如半支莲、酢浆草的花朵只在晴天的中午开放。一般花卉最适宜在全光照 50% ~ 70%的条件下生长发育，如果所接受光照少于所需光照的 50%，则花卉生长不良。

充足的光照

小贴士 Tips

以上提到的因素都是花卉在养护过程中必不可少的，了解了花卉的特点，就可以轻松的开始养护了。

花草花园的用土种类及用途

想要花卉植物健康地生长，花草花园的用土选择十分重要，同时还必须了解他们的用途。一般常用的土壤和介质包括：泥炭土、珍珠岩、蛭石、水苔、沙、鹿沼土等。

泥炭土

泥炭土由湖泽地带的植被埋于地下形成。具酸性或微酸性，吸水能力强，营养丰富，较难分解。

用途：适合喜酸性土壤的植物，可以与其他土壤搭配使用。

珍珠岩

珍珠岩有封闭性的多孔性结构，材料较轻，通气性良好。质地比较均匀。保湿性差，保肥性差，容易漂浮在水上。

用途：适合与其他土壤一起搭配使用，不单独使用。

蛭石

蛭石通气性强、孔隙较大，持水能力强。但长期使用，会导致过于密集，影响通气和排水效果。

用途 适合与其他土壤搭配使用，占的比重一般较小。

水苔

水苔由水里的藻类、苔类晒干后制成。拉力强，富含纤维素，具有疏松、透气和保水性强的特点。

用途：适合单独使用或配合其他土壤使用，一般多用于多肉植物的用土。

沙

沙基本不含有营养成分，呈中性。但具有透气和透水作用。一般用直径 2~3 毫米的沙粒。

用途：沙一般与其他土壤混合使用，不单独使用。

鹿沼土

鹿沼土由下层火山土生成，较为罕见。其具有很高的通透性、蓄水力和通气性。

用途：鹿沼土一般与其他土壤混合使用，不单独使用。

腐叶土

由枯枝败叶和腐根组成的腐叶土，具有丰富的营养和良好的物理性能，保肥和排水性能良好。

用途：腐叶土可以和其他土壤搭配使用，也可以单独做盆土。

赤玉土

赤玉土是由火山灰堆积而成的、不规则圆形颗粒状的土，具有排水、透气、保水、保肥皆佳的特点。

用途：大颗粒的赤玉石适合当排水层用，小颗粒的可以和其他土壤混合使用。

园土

园土是经过改良、施肥以及精耕细作后的菜园、花园土壤。这种肥沃土壤已经去除杂草根、碎石子、虫卵，并且已经经过打碎、过筛，呈微酸性。

用途：适合各种花卉植物，可以单独做盆土，也可以混合其他土壤使用。

2.4 阳台园艺用具

养花需要有专用的园艺用具，以便于花卉的日常管理，常见的有浇水壶、果树剪、小铲子系列、花盆、花架、盆托、小筛子、喷雾器等，其中花盆、喷雾器、浇水壶、果树剪、小铲子是必不可少的养花工具。

浇水壶

用来给植物浇水的工具。根据植物的大小不同，可以选择不同的浇水壶。

小铲子系列

作为移植播种及花卉种植、换土、松土的小工具。

果树剪

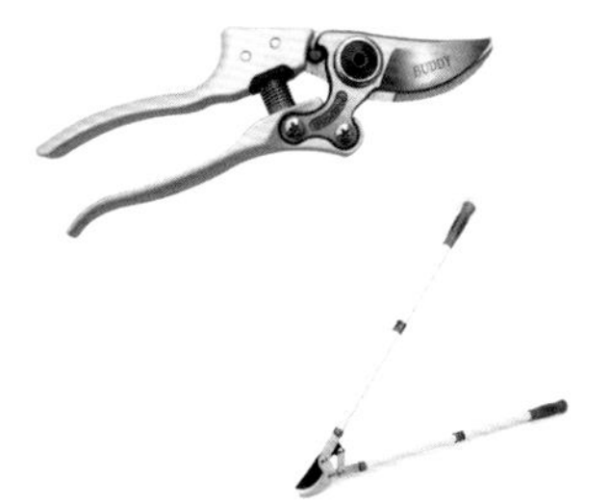

有带弹簧和不带弹簧两种，作为花木整形修剪、剪取花木枝条、接穗用。

小铲子系列

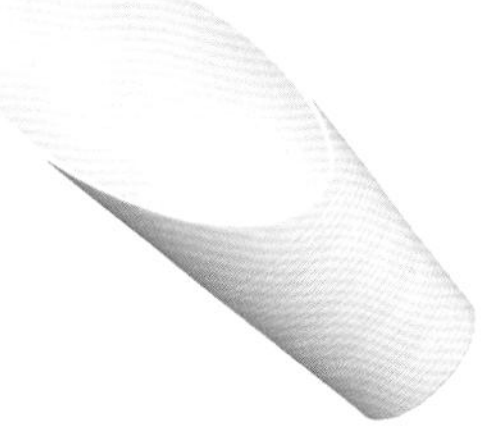

用来填放培养土和颗粒介质等的工具。

遮阳板

夏季很多植物需要遮阴养护，而遮阳板的主要作用是用来遮挡阳光、控制日照。

泡沫盒子

冬季很多植物需要人为保温才能顺利越冬，所以准备一个泡沫盒子是很有必要的。

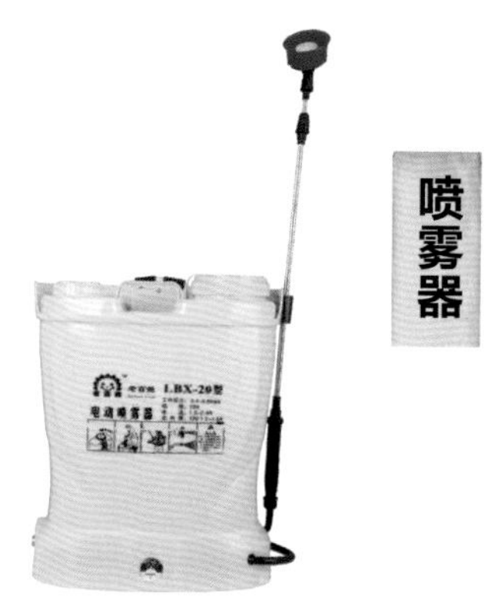

喷雾器

夏季的时候用来给花卉植物叶面喷雾加湿，也可以用来喷洒农药除虫，除虫后一定要清洗干净。

竹签子

竹签子的主要作用是用来疏松盆土和移栽小苗，还可以用来搭架固定植物。

手套

套上手套可以避免泥污，也方便操作带刺的植物。

花架

花架的作用是为了节省空间和让空间变得更加美观。

花盆

泥瓦盆、陶盆：适合一般的花卉植物。瓷盆、釉盆：适合喜水湿植物，该盆对土壤保湿效果较好。紫砂盆：适合于名贵花卉，其价格较高。塑料盆：透气性较差，浇水后不易干燥，可用于悬挂、种植吊兰。玻璃盆：适合水培植物。

03

花草园艺常识和基础操作

熟悉花草园艺的基本常识，对花草有更进一步的了解，掌握他们的基础操作，让你遇到问题能迎刃而解。

花卉的分类有哪些

花卉是指具有一定观赏价值的草本花卉和木本花卉，按照花卉的生态习性可以分为草本花卉、木本花卉，宿根和球根类多属于草本花卉，仙人掌和多肉植物则有属草本也有属木本的。

草本花卉

草本花卉的定义是指花卉的茎没有木质化，支撑力较弱，这种茎被称为草质茎，有草质茎的花卉被称为草本花卉。草本花卉按其生育期长短不同，又可分为一年生、二年生和多年生三种。一年生草本花卉 生活期在一年以内，当年播种，当年开花、结实，当年死亡，如鸡冠花、孔雀草、百日草等。二年生草本花卉，生活期跨越两个年份，一般在秋季播种，到第二年春夏开花、结实直至死亡，常见有金盏菊、甘蓝、毛地黄等。多年生草本花卉，生活期在二年以上，有永久不死的地下根茎，有的地上部分能保持终年常绿，如文竹、虎尾兰等；有的地上部分，是每年春季从地下根茎萌生新芽，长成植株，到冬季枯死，如大丽花、玉簪等。

木本花卉

木本花卉的定义与草本花卉相反，即花卉的茎木质部发达，这种茎称木质茎，有木质茎的花卉被称为木本花卉。木本花卉主要包括乔木、灌木、藤本三种类型。乔木花卉，主干和侧枝有明显的区别，植株高大，多数不适于盆栽。灌木花卉，主干和侧枝没有明显的区别，呈丛生状态，植株低矮、树冠较小，其中多数适于盆栽，如月季花、栀子花、茉莉花等。藤本花卉，枝条一般生长细弱，不能直立，通常为蔓生，如迎春花、金银花等。在栽培管理过程中，通常设置一定形式的支架，让藤条附着生长。

3.2 花卉净化空气的神奇力量

一个安全舒适、空气清新的家不是奢想，只要用心在家中栽培适合的花卉植物，就能还你一个健康的家。自然界中的很多花卉植物具有很强的净化空气能力，了解他们，让他们带给你神奇的力量吧。

检测空气污染的花卉

这类花卉能有效地检测空气中的污染物，如二氧化氮、臭氧污染等，当这些污染物超标时，花卉就会给予提示，如叶片变黄、花期提前结束等。能检测空气污染的花卉有牡丹、矮牵牛等。

吸收有毒物质的花卉

能吸收有毒物质的花卉在生活中还是比较常见的，如绿萝、吊兰、虎尾兰、月季、文竹等，这些花卉虽然不能大面积地吸收有毒物质，但在花卉所处的小环境中还是具有较强的净化功效的。

消毒杀菌的花卉

一般具有消毒杀菌功效的花卉还都具有令人心旷神怡的作用，这些花卉如仙客来、风信子、紫罗兰、石竹、百合等，都能散发令人愉快的香味，这些香味都具有消毒杀菌的功效。

学会上盆、换盆

花卉在养护过程中必不可少的会用到上盆和换盆，这些花卉的基础操作知识一般适用于大多数花卉，所以在养花的过程中可以举一反三，学以致用。

上盆步骤

上盆前需要选好大小合适、完好无损的花盆，否则会影响花卉的正常生长和观赏价值。上盆的一般步骤是先选好花盆，然后铺垫子，加培养土，再将幼苗移栽到花盆中，最后浇水护理即可。

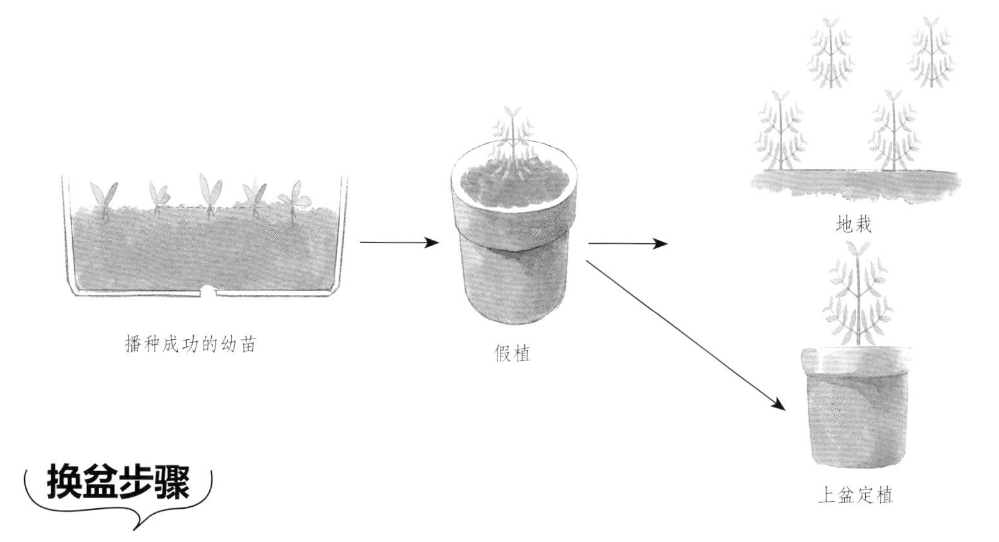

换盆步骤

换盆又叫翻盆，一般花卉的幼苗期间需要换 2~3 次盆，因为幼苗期的花卉生长速度较快，旧花盆的大小已经不再适合了，所以需要换盆。多年生的花卉成年后一般 2~3 年定期换盆。换盆的步骤为：将植物从旧盆中取出，然后修剪根系，最后定植。

3.4 花卉的修剪与整形

自然界中的花卉植物都有自己的形态特征，但是作为观赏性花卉栽培时，这些原本的形态特征就不一定能满足人们的审美了，通过修剪、整形等方法，让花卉的形态符合人们的观赏要求。

花卉的修剪

花卉的修剪要选择适宜的时间，掌握正确的修剪方法，一般在花卉的休眠期或生长期修剪，但具体的修剪方法要根据植物的生长习性来决定。早春先开花后长叶的植物，如梅花、迎春花等，一般在花后修剪；夏秋季开花的植物，如月季、茉莉等，则在其发芽前的休眠期修剪。修剪的内容包括摘心、疏枝、修根等。

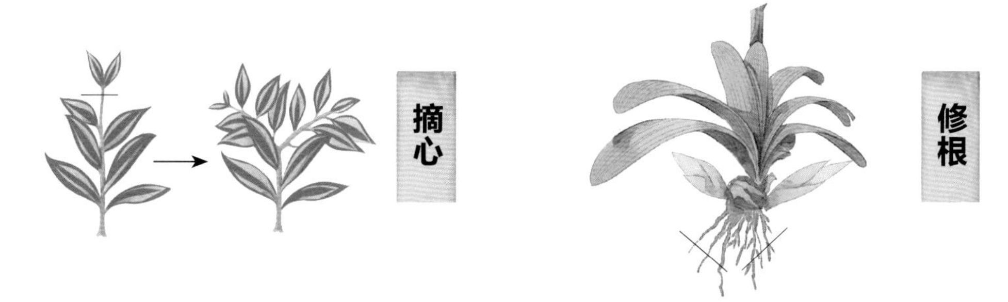

花卉的整形

花卉的整形形式多种多样，一般可以分为单干式（如大丽花）、多干式（如仙客来）、丛生式（如袖珍椰子）、垂枝式（如常春藤、绿萝），这些整形的形式要根据花卉的形状和个人的喜好来决定。

掌握花卉的繁殖方法

花卉植物常用的繁殖方法有播种、扦插、嫁接、压条和分株等几种，具体的做法还要结合花卉的特点、成活率等因素来决定用哪种方法。一般情况下，一、二年生的草本植物多使用播种法；多年生草本植物和木本植物常使用扦插、压条、分株和嫁接法繁殖。

播种繁殖

适合播种繁殖的花卉绿植可以自己动手采种进行繁殖，即在种子成熟的季节，及时采摘发育健康、成熟的种子，进行播种繁殖。播种的时间多在春季和秋季，春季宜在 2~4 月间播种，秋季宜在 8~10 月间播种，也可以自行调节室内温、湿度，为花卉种子育苗。

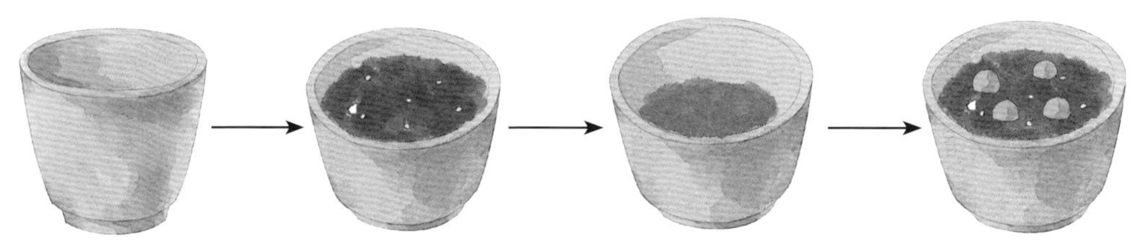

准备适合植株的花盆

铺入易于花盆排水的物质，如细卵石、木屑、树皮、碎瓦片等，再铺入植株所需培养土

播种，将种子均匀撒入土中，播种密度因花盆和种子大小而异，一般株距约 10 厘米左右

覆土，有些植物种子播后不覆土，轻压一下即可，如洋桔梗、矮牵牛等

扦插繁殖

选择在花卉的最佳成活期，剪取其生长健壮的枝、芽、根进行扦插，以提高花卉成活率。根据植物生长习性的差异，有的适合春秋季扦插，如秋海棠、虎斑木等；有的适合夏冬季扦插，如月季、吊兰等，梅花、木芙蓉等宜在冬季低温环境下扦插。

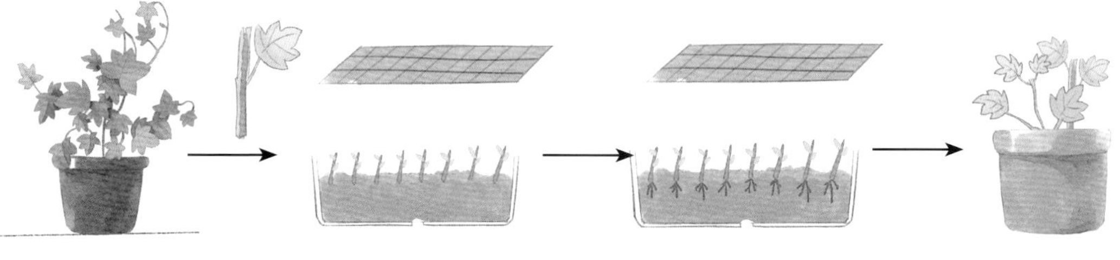

剪取植株健壮枝条，做插穗。去除下部叶片，可在插穗切口上涂抹生长促进剂，如生根粉、吲哚乙酸等，以提高成活率

将插穗插入事先备好的土壤中，插入深度根据植物的不同而不同。插入沙床后，浇足水，置于凉棚或半阴处，多喷雾，等待生根

插穗在沙床上生根

当根长到 3~5 厘米时可上盆定植

分株繁殖

分株繁殖是把植株的蘖芽（靠近根部的芽）、球茎、根茎、匍匐茎等，从母株上分割下来，另行栽植而成独立的新株。分株繁殖一般适合草本植物进行繁殖。

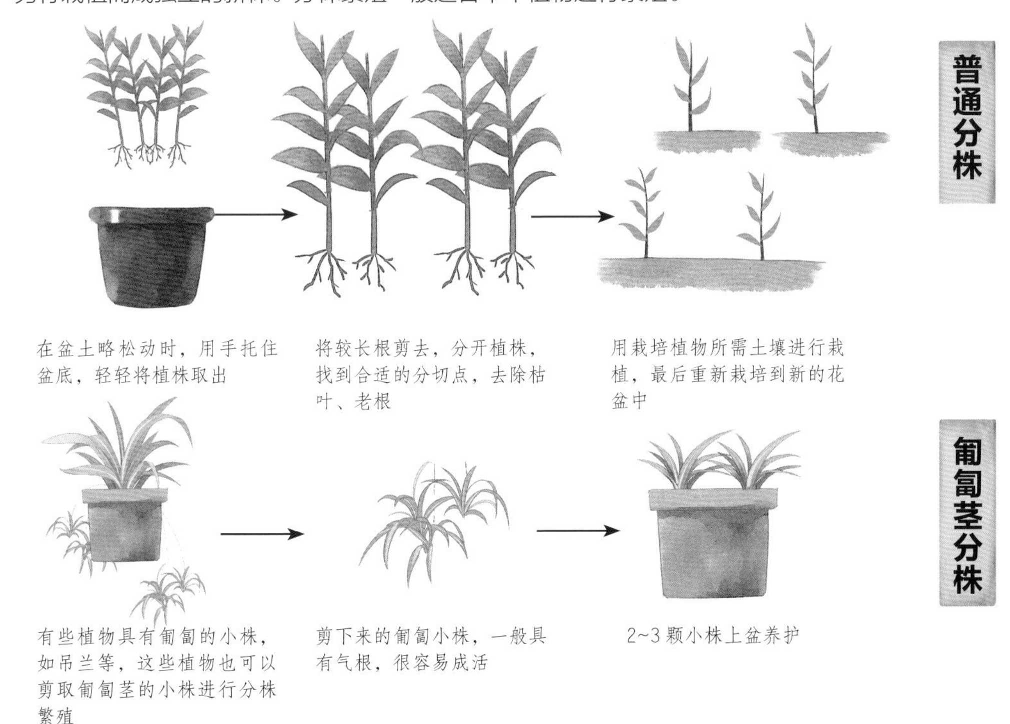

在盆土略松动时，用手托住盆底，轻轻将植株取出

将较长根剪去，分开植株，找到合适的分切点，去除枯叶、老根

用栽培植物所需土壤进行栽植，最后重新栽培到新的花盆中

有些植物具有匍匐的小株，如吊兰等，这些植物也可以剪取匍匐茎的小株进行分株繁殖

剪下来的匍匐小株，一般具有气根，很容易成活

2~3颗小株上盆养护

嫁接繁殖

嫁接繁殖是指将花卉植物的枝或芽，人工嫁接到另一种花卉植物的茎或根上。用于嫁接的枝条称为接穗，如是芽则称为接芽，用于嫁接的植物称为砧木，嫁接成活的苗称为嫁接苗。嫁接繁殖多用于木本花卉，如月季、茉莉花等。

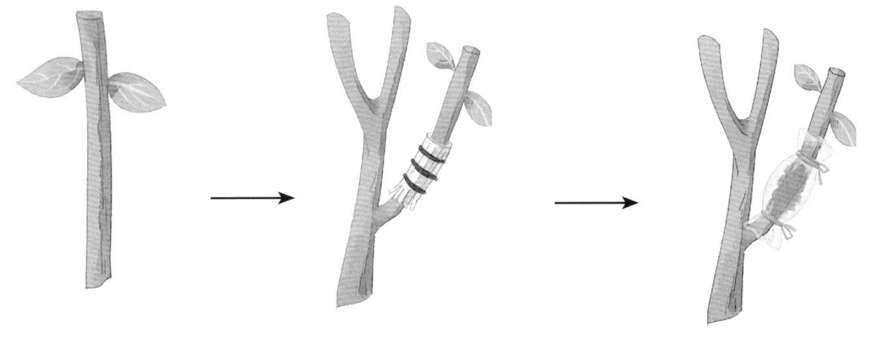

削接穗

开砧木、插接穗、绑扎

泥团包扎，根据植株差异，有些植株不需要泥团包扎，如垂丝海棠；有些植株还需绑扎上树叶，防止雨水冲刷

压条繁殖

压条法有普通压条和空中压条。普通压条法：把母株枝条压入土中，待枝条长出新根后再从母株切离而成为新植物，此方法简单，植株生长快。空中压条法：划伤树枝或树干的一部分，令植株从划伤处长出新芽，从而栽植出新植株的方法。

普通压条

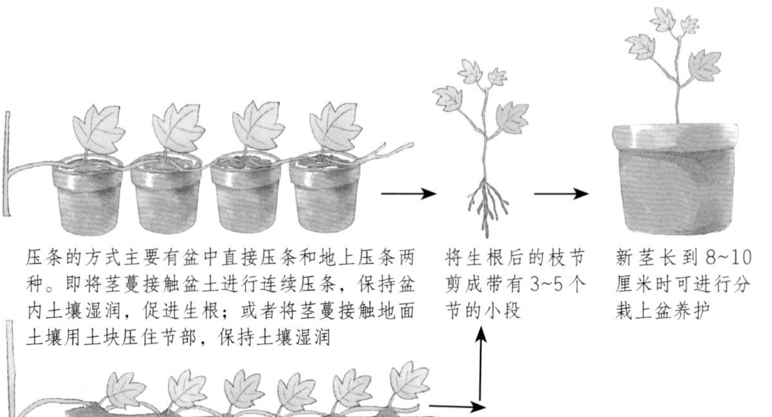

压条的方式主要有盆中直接压条和地上压条两种。即将茎蔓接触盆土进行连续压条，保持盆内土壤湿润，促进生根；或者将茎蔓接触地面土壤用土块压住节部，保持土壤湿润

将生根后的枝节剪成带有3~5个节的小段

新茎长到8~10厘米时可进行分栽上盆养护

空中压条

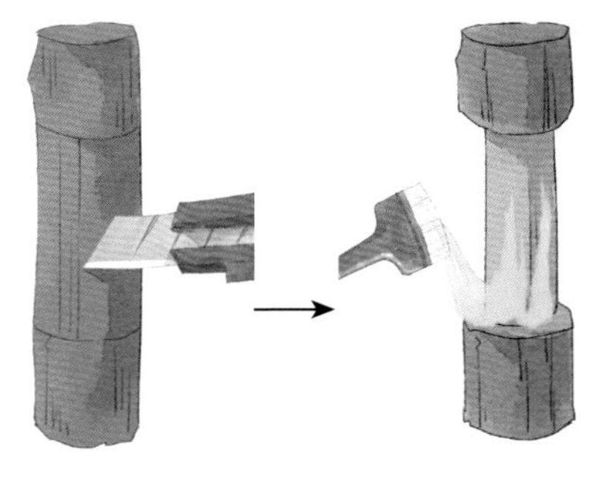

在选定的枝条上剥去约1厘米宽的环带状皮

有条件的可在剥去树皮部位涂抹一些有促进生根作用的植物生长物质，例如生根粉、吲哚乙酸等

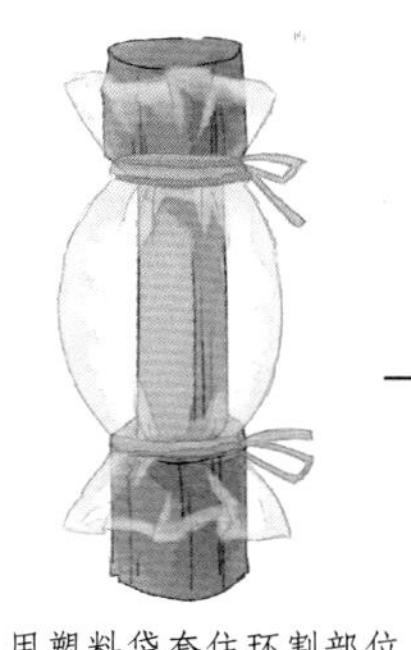

用塑料袋套住环割部位，下端扎紧

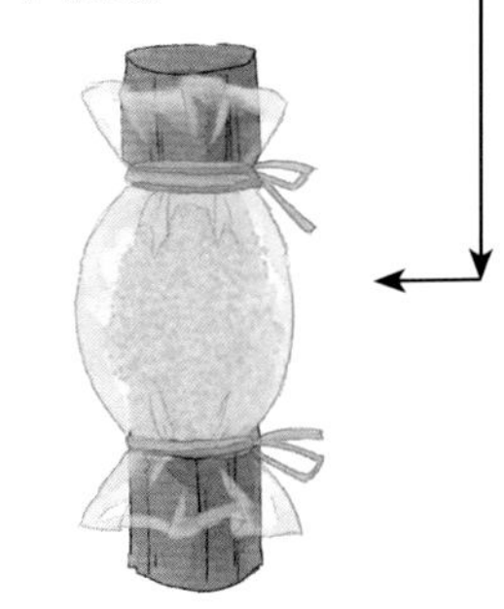

在塑料袋中装上湿苔藓或泥炭土等，扎紧上口

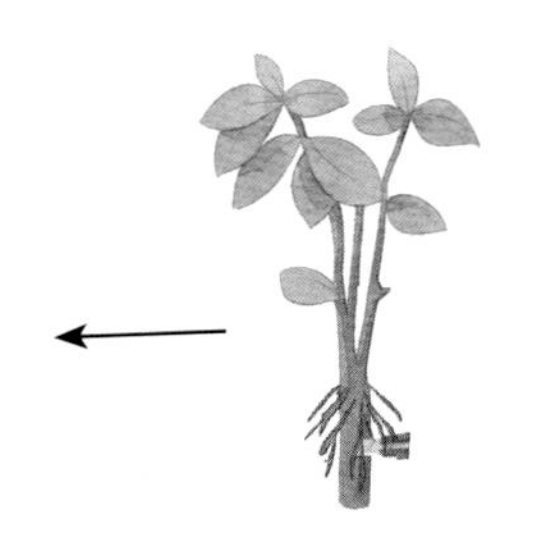

约2~3个月透过塑料袋可见生根。沿着根的下端切去压条

将压条盆栽，成为新株

花卉的季节管理

每个季节的气候、温度、光照不同，对于花卉管理来说，侧重点也不一样。所以要掌握春夏秋冬四个季节的气候特点，才能让你的花卉安全地度过一年四季。

春季管理

春季首先要防止冷风吹袭，气温骤降。春季气候多变，常有寒流侵袭，形成冷空气，家养热带、亚热带花卉（如茉莉、吊兰等）不宜放置在室外，晴天中午可放置于背风向阳处透气。其次要及时繁育，一般花卉均适宜在春季繁殖，早春时节可将植株健壮的枝或茎（如月季）、根（如芍药、紫薇）、叶（如虎尾兰）剪取进行扦插繁殖。最后要防“倒春寒”，在春季往往有盆栽在室内 0℃气温下生长良好，移到室外气温 1~2℃时却被冻死的情况，这是因植株在春季生理活动加强，春芽萌生，遭遇寒潮刺激，植物细胞收缩而冻死。故在春季要注意花卉出房时间，宜在清明和谷雨之间出房，如出房后遇倒春寒，则立即搬回室内。

夏季管理

夏季要根据花卉的不同习性调整温度和光照条件。如喜凉爽、忌高温的花卉，可放置在凉棚或树荫下，并在叶面上喷水降温；喜温暖、生长期需要充足阳光的花卉可置于阳台能照射到阳光处。夏季还要注意浇水要适度。夏季气温高，水分蒸发快，植株需要及时浇水，时间最好选在早晨或傍晚，最好不要中午浇水。最后在对夏眠花卉的养护要注意：喜凉爽忌炎热的球根花卉，常以休眠或半休眠状态来度过炎夏，如君子兰、仙客来、风信子、水仙等在夏季处于休眠或半休眠状态，对于这类花卉在夏季应减少浇水（盆土稍湿润即可）、遮阴通风、防止雨淋和停止施肥。

夏季对于处于生长期的花卉要勤浇水

小贴士 Tips

许多花卉进入夏季容易徒长，如一品红、多肉植物等，所以需及时修剪，才能避免徒长而影响观赏性。

秋季管理

秋季需要着重对冬眠花卉进行养护，首先要保证冬眠花卉在寒冬来临之前进入休眠状态。如月季、牡丹等应将其移到室外养护，随着室外温度的降低逐步进入休眠，其次施肥应以磷、钾肥为主，有利于养分的转化和贮存，为花卉冬眠做好准备。秋季还需要对冬季开花的花卉进行特殊养护，冬季开花的花卉如仙来客、一品红、山茶花、君子兰等，秋季是其生长旺季，应给予此类花卉充分的光照，施以氮肥为主的肥料并保持通风透光。秋季还是一个丰收的季节，所以要及时采种，许多花卉的种子在秋季中旬陆续成熟，如一串红、芍药、牡丹、玉兰等，需将种子采收，翌年播种。

秋季要及时采收种子

冬季管理

一般花卉在冬季进入休眠或者半休眠状态，新陈代谢十分缓慢。所以应控制浇水量，使盆土保持干燥状态。同理，花卉对肥料的需求也大大减少。

露天越冬的花卉在寒流侵袭时应浇足水，防止冻害。应适当给花卉御寒，可用人工加温、套塑料袋等方式，既可以防尘又可以防寒。而除了一些较为耐寒的花卉，其他的大部分花卉都应移居到室内进行栽培。如若将花卉暴露在室外的环境中，轻则冻伤，影响来年发育；严重的可能会导致植株的死亡。同时注意对植株的养护区进行观察，规划一下来年的培养方式与计划。

冬季要将花卉植物放在室内养护

小贴士 Tips

多肉植物在冬季要特别注意保温，因为多肉植物多来自于干旱热带地区，耐热耐旱，但不耐寒，所以在冬季要准备保温箱等工具越冬。

04

草本花卉的养护

生活中很多的植物都是草本花卉，如君子兰、紫罗兰等，这些花卉植物具有装饰家居、净化空气的功能，所以可以根据喜好选择栽种。

紫罗兰

花期：春末夏初　种植难度★★☆☆☆

紫罗兰在中国南部地区广泛栽培，欧洲名花之一。全株密被灰白色具柄的分枝柔毛。茎直立，多分枝，基部稍木质化。叶片长圆形至倒披针形或匙形。

养护要点

1. 紫罗兰喜欢阳光充足、温暖凉爽、通风良好的环境，稍耐半阴。

2. 冬季时可以短暂忍耐 0℃下的低温，生长适温在 18℃左右。

日常养护

【养护内容】

浇水施肥　光照温度　配土

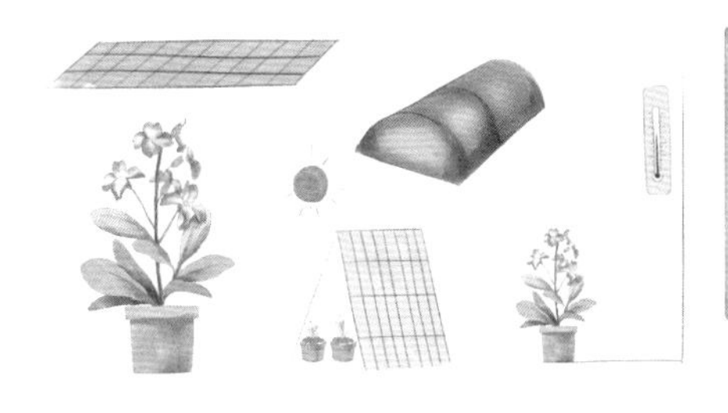

浇水不宜太多，春季和秋季每 1~2 天浇 1 次，夏季每天浇 1~2 次，冬季 2~3 天浇 1 次，或者再长一点。生长期前期以补充氮肥为主，大概两周 1 次，中期时以复合肥为主，孕蕾期追加磷钾肥。

夏季时，要将盆栽移到通风散光处，地栽植株需要进行遮阴。冬季要注意对植株的保温，将植株移入温室，架棚，但植株需要向阳放置。

紫罗兰的配土方案可采用园土 + 腐叶土 + 沙按 3:4:3 的比例混合，再加入少量腐熟麸饼和磷肥作为基肥。

小贴士 Tips

紫罗兰忌积水，播种时将盆土浇足水，播后不宜直接浇水，若土壤变干发白，可用喷壶喷洒。施肥不宜过多，否则对开花不利。可每隔 10 天施一次腐熟液肥，见花后立即停止施肥。

繁殖方法

【繁殖内容】

播种　扦插　分株

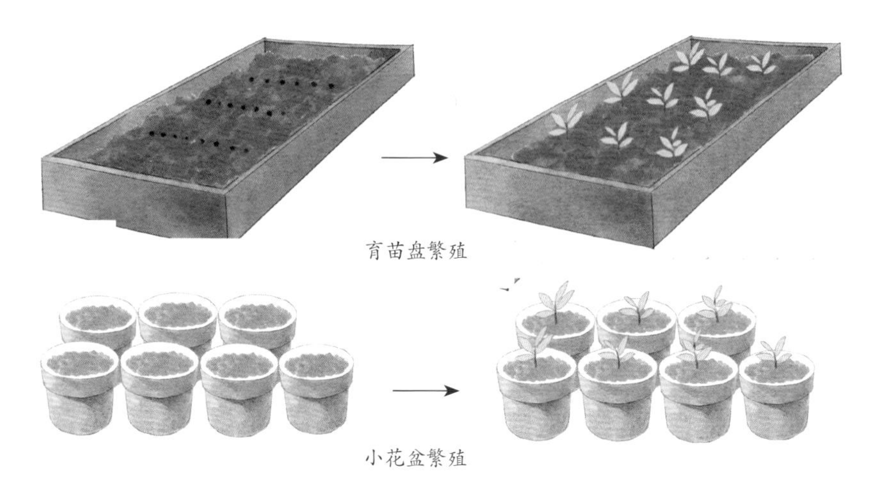

育苗盘繁殖

小花盆繁殖

紫罗兰耐寒不耐热，所以多在秋冬季节进行播种繁殖。因为紫罗兰不耐移植，所以可以先播在育苗盆或小花盆中，直接等到它长出叶片成长为小植株后再带土移植。

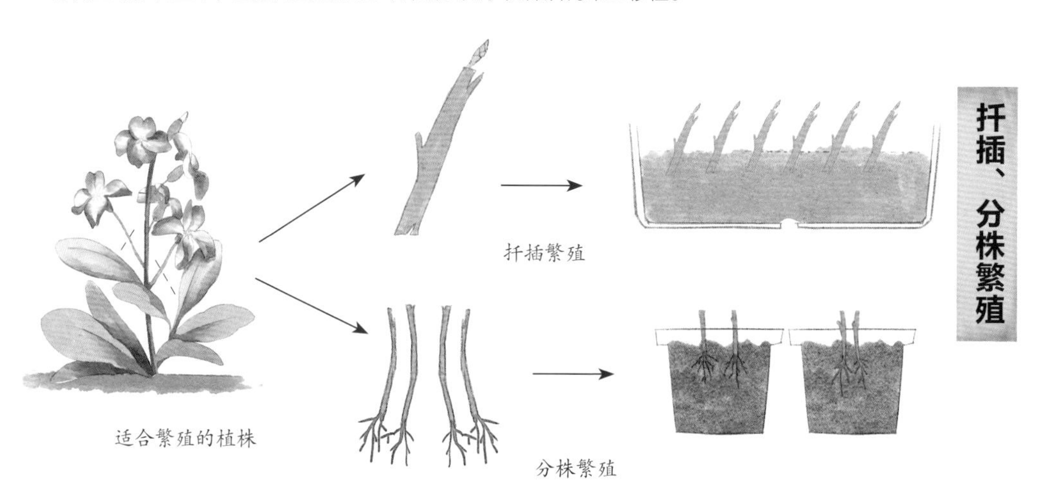

扦插繁殖

适合繁殖的植株

分株繁殖

春末夏初花败后，先剪去主茎，这样就能进行扦插或分株了。如选用扦插繁殖的话，要先将基部萌发的新芽剪下，一般6~8厘米即可，再放入事先备好的沙床中扦插。若是选择分株繁殖，则要将根系先疏通好，再分成3~4丛，并且每一丛都要带有根系，再每2丛一个花盆栽植即可。养护时因为在夏季，所以要注意遮阴防暑。

小贴士 Tips

紫罗兰还可以采用扦插繁殖或分株繁殖，适用于不宜结籽的品种，四季均可进行，以春末夏初最宜。

文竹

花期：无花期　种植难度★★☆☆☆

文竹又称云片松、刺天冬、云竹，文竹根部稍肉质，茎柔软丛生，细长。茎的分枝极多，近平滑。叶状枝，略具三棱。花白色，有短梗，文竹是攀援植物，高可达几米。

养护要点

1. 喜欢温暖湿润的环境，耐寒能力较低，适合种植在肥沃疏松、排水良好的土壤中，生长适温为 15~25℃。

2. 文竹常见的病害有灰霉病和枯叶病，可以用托布津可湿性粉剂化水喷洒。另外室内不通风时很容易发生介壳虫，可用敌敌畏喷杀。夏季易发蚜虫，可用氧化乐果乳喷杀。

日常养护

【养护内容】

浇水施肥　光照温度　配土　修剪

浇水施肥

文竹喜欢湿润却又怕涝，浇水时应控制尺度，使盆土微微湿润。冬季要减少浇水量，可以用喷雾代替。生长旺期可以每个月施 1~2 次腐熟的稀薄肥水，可以以氮、钾为主，肥水不能太浓，否则易使植株死亡。冬季停止施肥。

光照温度

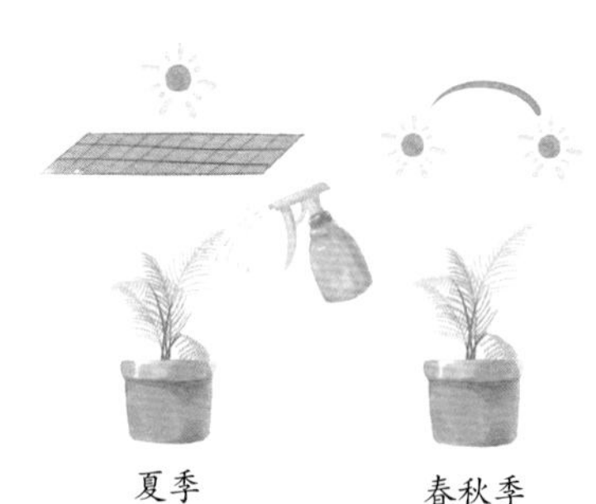

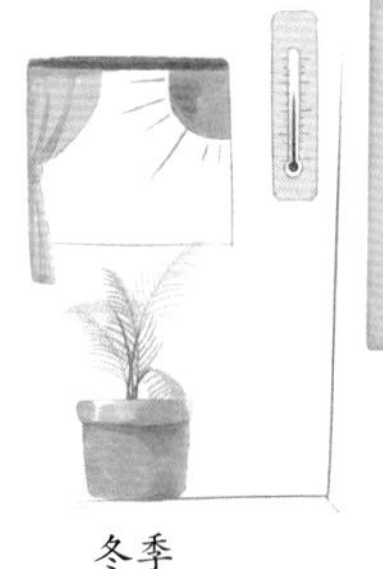

文竹比较喜欢荫蔽，害怕阳光下暴晒，夏季需要遮阴或者放在室内阴凉处散光照射。春秋温度合适时可以接受柔和的光照。全年都要保持通风。冬季需要入室保温，适宜温度在 12~18℃，安全越冬温度在 5~10℃。

配土方案

盆土可以选择用园土、腐叶土和沙子以 5:4:1 的比例混合，也可以用黄土、腐叶土和沙子以 2:6:2 的比例混合作为盆土，适量地加入一些腐熟的麸饼和少量的过磷酸钙作为基质基肥。

修形修剪

剪去老枝

架设支架

换盆

平时可以对老枝和过密的枝条进行修剪，若培养矮株可以剪去老枝，促使新枝萌发，控制株高。培育较高株形时需要架设支架，让植株攀爬。幼株可 1 年换盆 1 次，老株 3~4 年换盆 1 次，可结合换盆时修剪植株过长的老根。

繁殖方法

【繁殖内容】

播种

播种繁殖

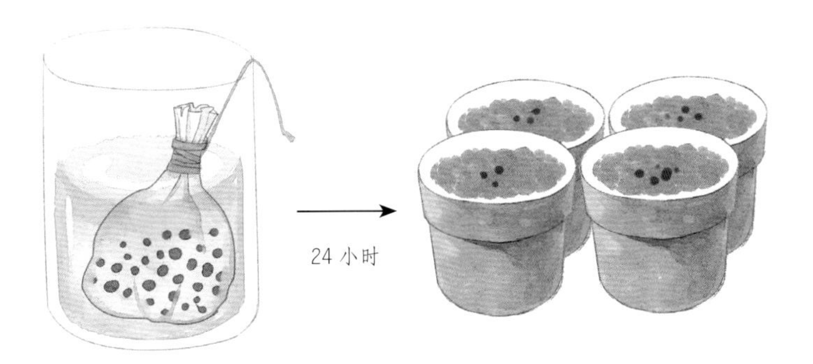

清水浸泡

播种在口径 9 厘米的杯子里，平均 3~5 粒

播种繁殖在播种之前需要将种子放在清水中浸泡一天，拿出来沥干之后选择口径为 9 厘米的杯子播种，每个杯子中种植 3~5 粒，浇水后适当遮阴，在 20~25℃的温度下 3~4 周可以发芽。发芽的幼苗长到 5~6 厘米可以上盆定植或者地栽。

播种繁殖一般在春季进行，种子可以直接购买，也可以在文竹果实变成紫黑色的时候进行采收，将果实剥去果皮即为文竹的种子。

吊兰

花期：春末夏初　种植难度★★★☆☆

吊兰又名垂盆草、挂兰、钓兰、兰草、折鹤兰等，为百合科吊兰属多年生常绿草本植物，原产于非洲南部。

养护要点

1. 吊兰喜欢温暖湿润的半阴环境，害怕阳光暴晒，不耐寒，适合生长在肥沃、疏松、排水性良好的沙壤中，生长适温为20~30℃。温度低于5℃时容易受冻。

2. 吊兰最常见的病虫为盔形半球蚧，呈棕褐色半球状附着在吊兰叶面，发现后可以人工刮除，或者用蚧螨灵喷洒。

日常养护

【养护内容】

浇水施肥　光照　修剪换盆

浇水施肥

在吊兰生长期适量浇水，保持盆土湿润，积水容易导致植株枯黄，根系腐烂。冬季要控制浇水，使土壤偏干。生长旺盛期可以每月施 2~3 次腐熟的稀薄液肥，应少施氮肥，过多容易造成叶片上的斑纹不清晰。

光照养护

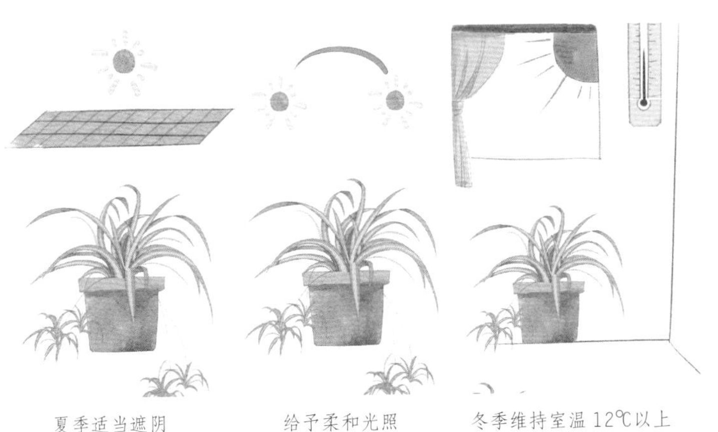

夏季适当遮阴　给予柔和光照　冬季维持室温 12℃以上

夏季要遮阴避免强光直射，遮光根据光照强度的不同在 50%~70% 之间选择。冬季应该将植株入室保温，室内温度保持在 12℃以上为宜。凉爽的季节可以让植株接受柔光的照射。

修形换盆

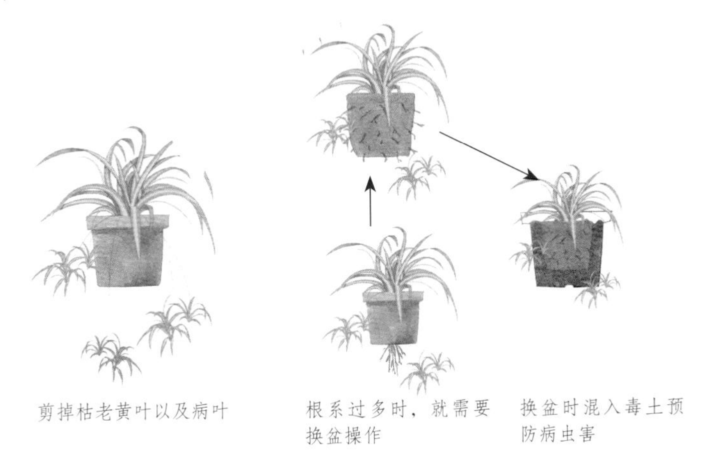

剪掉枯老黄叶以及病叶　根系过多时，就需要换盆操作　换盆时混入毒土预防病虫害

日常可以检查并且修剪去除植株的老叶与病枝，以及过长的匍匐茎。发现植株根系生长穿出花盆底部排水孔时需要将植株取出，换上大一点的新盆种植，同时可以修剪植株根部。上盆时可以在土壤基质中加一些毒土来预防病虫害的发生。

繁殖方法

【繁殖内容】

播种　扦插　分株

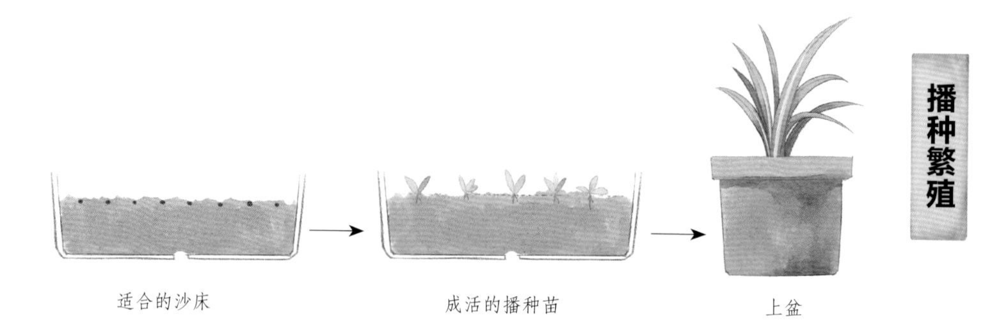

播种繁殖适合在春季进行，适宜温度为 20~25℃，播种后 15~20 天发芽。当播种苗长出 5~6 片叶时，将播种苗移栽，也就是进行上盆定植的操作。播种繁殖虽然也适合吊兰，但播种繁殖生长慢，且幼苗期易受病虫害侵扰，所以一般不采用。

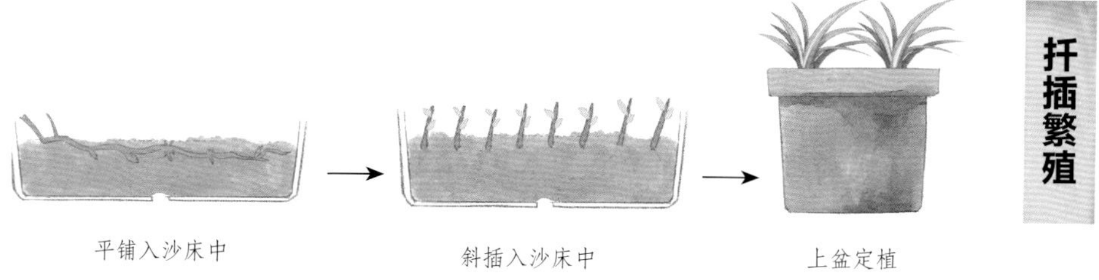

扦插繁殖在吊兰生长期内都可以进行，可以剪取匍匐茎的枝蔓，每个枝蔓带 2~3 个节斜插或平放压入基质。放在阴凉处浇水保湿，等插条生根发芽之后便可以上盆定植或者地栽。

小贴士 Tips

无论是换盆还是繁殖，吊兰的盆土都可以选用腐叶土、园土、沙子按 1:1:1 的比例混合，再加入少量基肥做基质。其中腐叶土也可以用泥炭土替换。

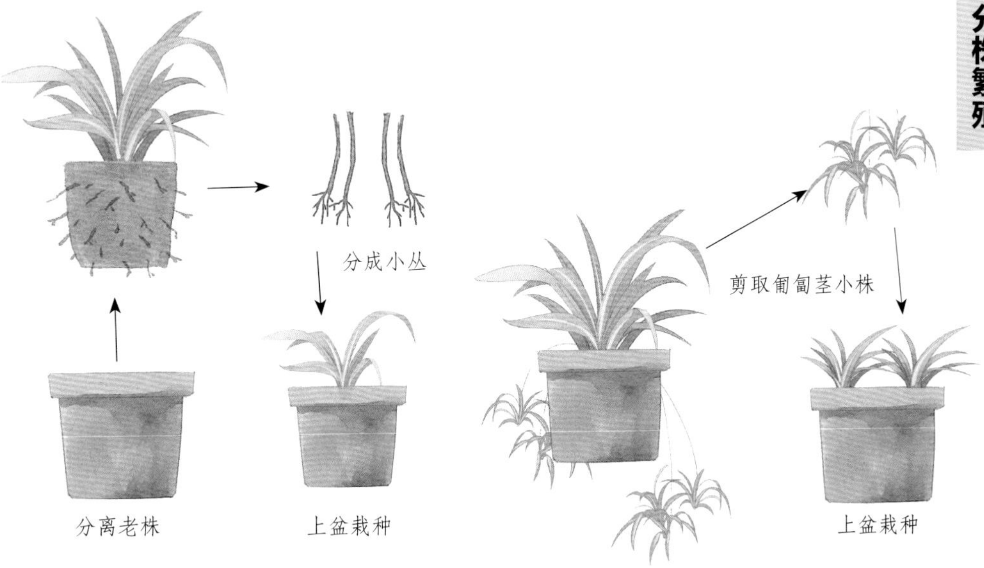

分株繁殖

分成小丛

分离老株

上盆栽种

剪取匍匐茎小株

上盆栽种

吊兰的分株繁殖在春季结合换盆操作进行，即将旧盆中的吊兰取出，去掉烂根、老根，再疏通根系，将植株分为3~5份，最后定植入花盆中。吊兰的分株繁殖还可以采取分离老株的办法，在换盆的时候，注意植株体不受伤害，分离老株进行分株繁殖。

吊兰的分株繁殖也可以采取剪取匍匐茎的方法，将长到一定大小的匍匐茎小株单独栽植，获得新株。这种方法既方便，又容易繁殖新株。

小贴士 Tips

繁殖成功的吊兰要放在半阴环境中养护，光线过强或不足都会使吊兰叶片变成淡绿色或黄绿色，缺乏生气，且失去观赏价值。

绿萝

花期：无花期　种植难度★☆☆☆☆

绿萝又名魔鬼藤、黄金葛、黄金藤、桑叶，为天南星科麒麟叶属大型常绿藤本植物，原产于所罗门群岛。

养护要点

1. 绿萝喜欢湿润的半阴环境，害怕夏季强光直射，适合种植在肥沃且排水性良好的土壤上，生长适温为 20~28℃。

2. 绿萝主要的病害是线虫引起的根腐病和叶斑病。根腐病可以使用呋喃丹颗粒防治，叶斑病发病初期应及时剪去病叶，并用代森锰锌可湿性粉剂化水喷洒。

日常养护

【养护内容】

浇水施肥　修剪　配土

浇水施肥

绿萝平时浇水应适度，见土壤干了就一次浇透水。夏季浇水时还要不时地向周围环境喷雾来增加空气湿度。冬季低温时要控制浇水。生长前期可以通过吸收基肥成长，生长旺期可以每半个月施一次花肥，花肥以磷钾肥为主，配合适量的氮肥加以辅助。

修形修剪

修剪枝叶

修剪根系

绿萝日常应该多修剪植株的枝叶。攀爬型的植株可以通过修剪改变植株的走向，通过修剪掉多余的枝叶也可以使植株的通透性更好，看上去也更为简洁。非攀爬型的植株生长一段时间后根系容易因生长过长而长出盆底，要及时换盆并修剪根系。一般换盆每2~3年一次。

配土方案

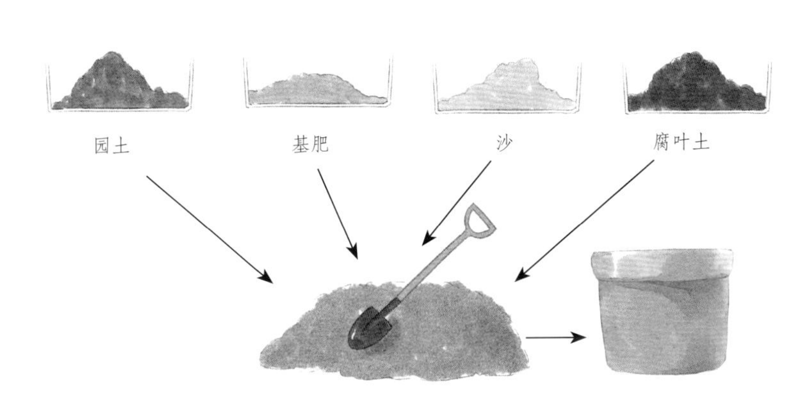

绿萝可以用陶粒、腐叶土和珍珠岩以5:3:2的比例混合，或用园土、腐叶土、沙以4:4:2的比例混合作为盆土。在盆土中加入适量的麸饼和骨粉作为基肥可以使幼苗更健康地生长。

小贴士 Tips

夏季以及秋初温度较高，紫外线较强时，绿萝需要遮阴，或者放在如树下等阴凉的地方，并不时喷雾、洒水，增加空气的湿度。春、秋光线柔和温暖的时候可以使植株充分地接受日照。冬季寒冷天气需要将植株移入室内，保持温度在12℃以上。

栽培方式

【栽培内容】

攀爬　水培　垂吊　设架栽培　盆栽

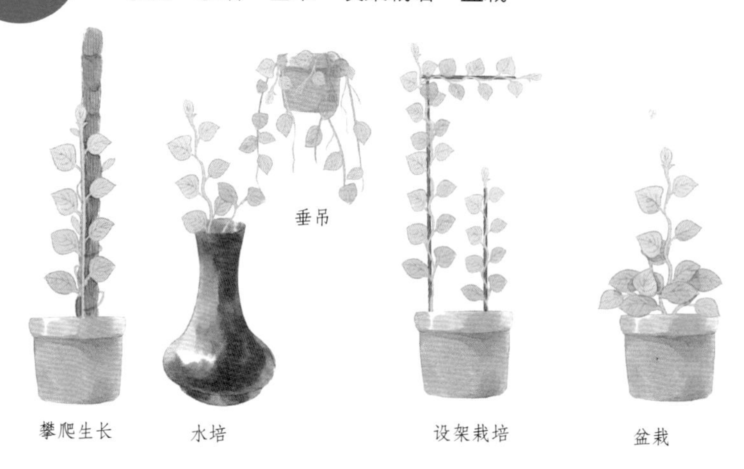

绿萝具有发达的气根和攀爬能力，可以立柱、设架使它攀爬生长，或者水培瓶插、垂吊，也可以直接盆栽。绿萝是很适合水培的一种观叶植物，水培要选择叶片较小的绿萝，这样观赏性更强。

栽培方式

繁殖方法

【繁殖内容】

扦插

扦插繁殖

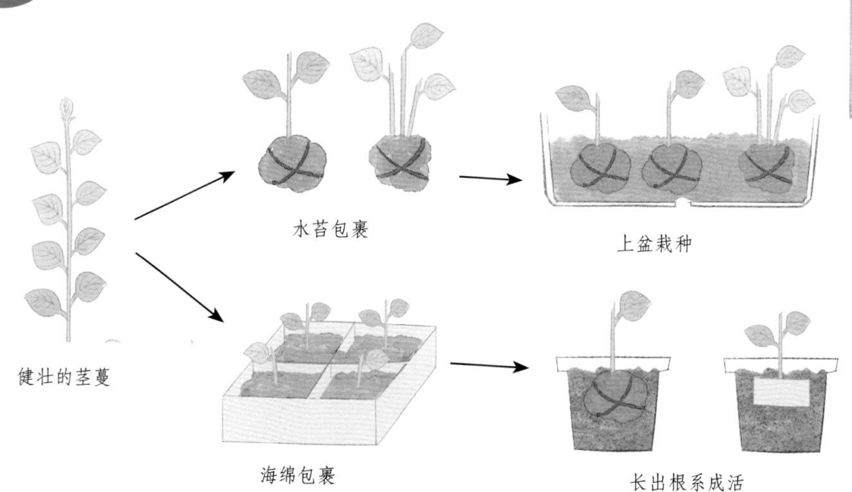

扦插繁殖适合在 15~25℃的春秋季节进行。选取健壮的茎蔓切成段，每段含有 2~3 个节，留 1~2 片顶部叶片。可以 1 枝或 2~3 枝扎在一起扦插，扦插时插穗基部最好用水苔包裹。也可以将插穗直接插在海绵中，长出根后再移栽定植。

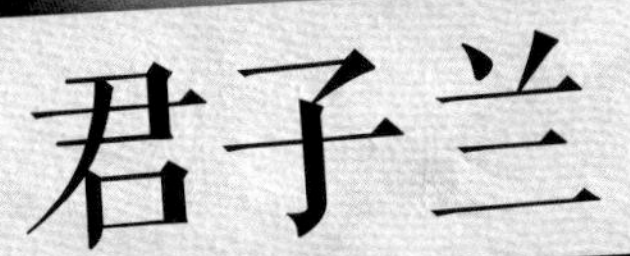

君子兰

花期：四季　种植难度★★★☆☆

君子兰又称为剑叶石蒜、大叶石蒜，原产地中海沿岸。叶片长圆形至倒披针形或匙形。花有黄色或橘黄色、橙红色。花期以春夏季为主，可全年开花。

养护要点

1. 君子兰喜欢温暖、凉爽的环境，不耐寒，不宜阳光直射，耐阴。喜欢肥厚、排水性良好的土壤，生长适温为 15~25℃。

2. 君子兰最为常见的虫害为介壳虫，平时要注意检查植株，发现虫害要及时的防治，可以人工刮除，数量较多时可以用氧化乐果乳喷洒。除此之外蚯蚓也会对君子兰的幼株造成伤害，盆栽植株往往较少，地栽植株可以用敌敌畏浇灌。

日常养护

【养护内容】

浇水施肥　　光照温度　　配土

浇水施肥

君子兰苗期要少浇水，花期多浇水。春夏多浇水，可以 1 天浇 1 次。秋冬少浇水，秋季可以 1~2 天浇 1 次，冬季 4~5 天浇 1 次。施肥可在春秋生长季每 10 天左右施 1 次以氮为主的稀薄肥，孕蕾期可以施一些以磷为主的稀薄肥，夏季温度过高和冬季温度过低都不适宜施肥。

光照温度

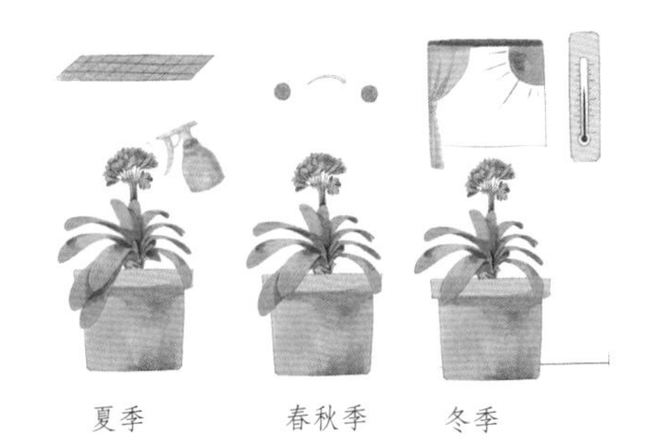

君子兰的生长适温为 15~25℃，当温度高于 25℃时叶片会徒长，植株生长差；温度低于 10℃时植株生长缓慢，0℃下植株容易冻死。夏季要注意遮阴喷雾降温，春秋可让植株全天接受柔和光照。

配土方案

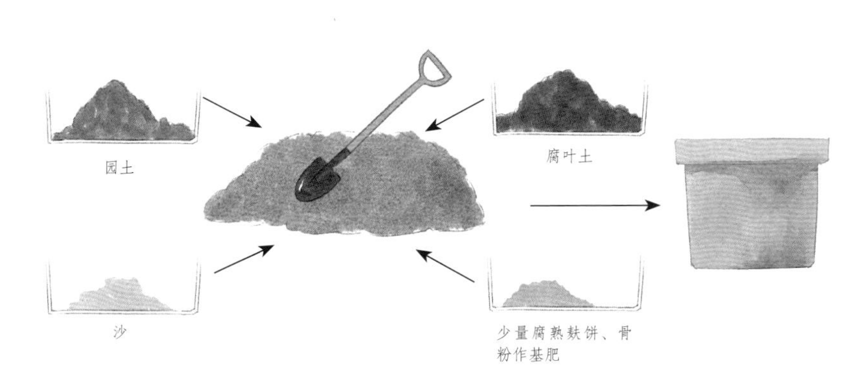

播种时的培养土可以用消过毒的河沙或者木屑。定植之后的盆土可以用园土、腐叶土和沙子以 3:4:3 的比例混合，再加上适量腐熟的麸饼和少量的骨粉作为基肥。

小贴士 Tips

君子兰虽然四季都能开花，但是春末夏初是开花的旺盛期，在此期间要悉心养护。成年植株开花必须经过低温处理，即入室之前将植株放在 0~15℃的环境下 10~15 天，入室之后放在阳光散射处，少浇水、不施肥。

实用操作

【操作内容】

换盆　授粉

换盆、授粉方法

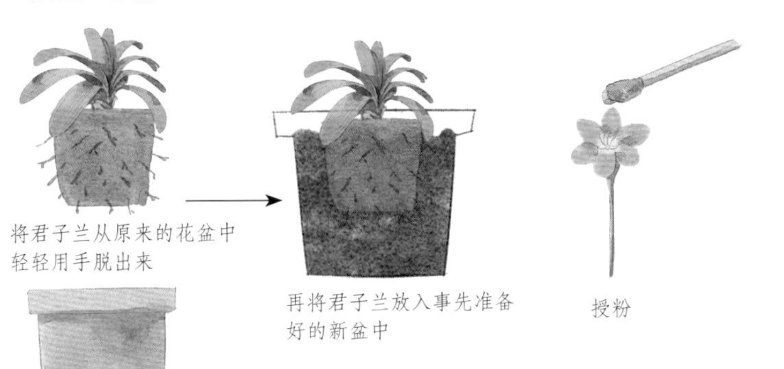

将君子兰从原来的花盆中轻轻用手脱出来

再将君子兰放入事先准备好的新盆中

授粉

君子兰每 2~3 年换盆一次，宜在春秋季节进行。换盆时结合修剪，剪去坏根、老根和枯老病叶。在换盆时可以在原先的土壤中加入毒土，这样能够有效地预防病虫害。

君子兰自花授粉能力较低，需要人工辅助。在开花后的第二天花粉成熟，可以在正午前后用毛笔轻刷雄蕊花粉，轻弹毛笔将花粉落在雌蕊柱头。

繁殖方法

【繁殖内容】

播种　分株

播种繁殖

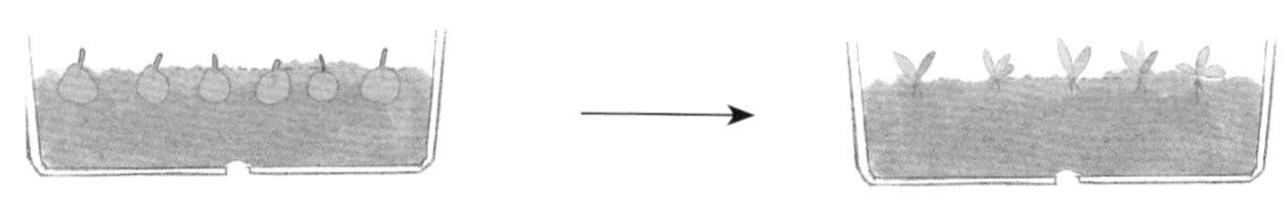

点播　　成活的种子

君子兰的播种繁殖在 11 月至翌年 2 月进行，播种前先将种子用 40℃热水浸泡 24 小时，采用点播（播种的其中一种方法，即按一定距离挖一个洞，每个洞播入数粒种子后进行覆土或覆盖）的方法进行播种。播种后置于 20~25℃温室中，每天揭开盖膜或玻璃板通风一次。待播种苗长出真叶后移栽进行定植。

分株繁殖

分株开来的君子兰，要在伤口处用香烟灰或煤渣粉涂抹，这样能让伤口快速愈合

君子兰子珠长到 2~3 片叶时用手直接掰开分株，当子珠较大时适合用切割法

分株繁殖一般在春季结合换盆进行，将植株基部的子株分别带根与母株分离，分离时造成的伤口用草木灰涂抹后将子株分栽，一个月之内不得浇水施肥，一个月左右产生小新根后可以重新栽植，并给以水肥。

常春藤

花期：夏末秋初　种植难度★☆☆☆☆

常春藤又名土鼓藤、钻天风、三角风、散骨风等，为五加科常春藤属多年生常绿攀援灌木，产于中国。

养护要点

1. 新栽的植株，待春季萌芽后应进行摘心，促进分枝，并立架牵引造型，也可以吊挂盆栽。

2. 常春藤常见的病害有叶斑病和细菌叶腐病，可以用甲基托布津可湿性粉剂喷洒来防治。有时会在叶片边缘产生褐色或黑色斑点，这时应该及时换土、施肥，摘除病变叶片，防止病变进一步扩大。

日常养护

【养护内容】

浇水施肥　光照温度　配土　修剪换盆

浇水施肥

光照温度

常春藤春季保持盆土湿润；夏季要在荫棚下养护，保持盆土的湿润；秋季，减少浇水次数，土壤保持偏干燥；冬季少量浇水。

常春藤春季每月要施 2~3 次稀薄的有机液肥。夏季天气炎热时停止施肥。待秋季天气转凉，则恢复施肥。冬季停止施肥。

常春藤是阴性植物，忌高温，可以接受一定的光照，但是不可以直射，要适时地喷雾保持叶片的湿度。在炎热的夏天，要将植株搬入半阴处，不让阳光直射，以免灼伤。冬季将植株移入温室，保持温度在 5℃以上可以安全越冬。

配土方案

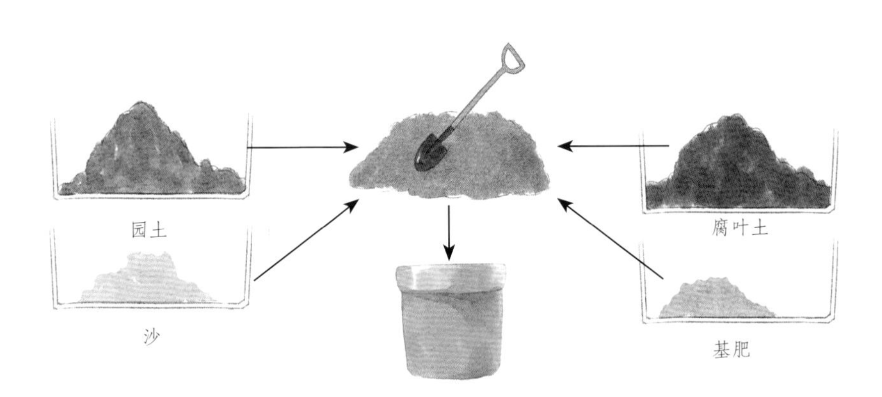

常春藤的盆土以园土、腐叶土、沙按 4:4:2 的比例混合，再加入占基质 1/10 量的腐熟麸饼和少量磷肥作基肥，充分混合均匀，放入盆内。

小贴士 Tips

常春藤之所以如此受到人们欢迎，不仅是因为其拥有常绿的特性，还因为常春藤可以净化室内空气，吸收由家具及装修散发出的苯、甲醛等有害气体，所以学会常春藤的日常养护常识，让你的常春藤为你营造舒适的小环境。

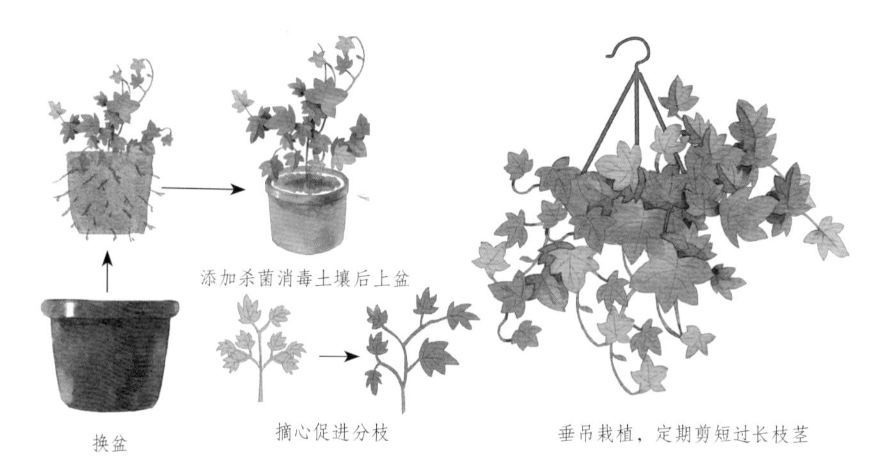

修剪换盆

当常春藤植株长成一定大小后，进行换盆操作，并添加一部分杀菌消毒土壤预防病虫害的发生。换盆后摘心 2~3 次以促进分枝。常春藤也可以选择垂吊的栽植方式，垂吊栽培则不用摘心。3~4 年换盆 1 次，并重新修剪造型，也可以用幼株替换老株。

繁殖方法

【繁殖内容】

扦插　压条

扦插繁殖

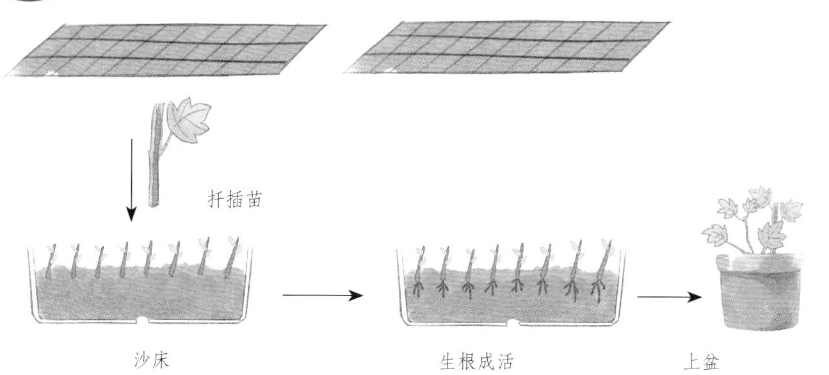

常春藤的扦插繁殖春季至秋季均可进行，扦插选择处于阴凉处或者凉棚下带 2~3 个节的茎段，插入沙床后，浇足水，置于凉棚或半阴处，多喷雾，等待生根。当根长到 3~5 厘米时可上盆定植。

压条繁殖

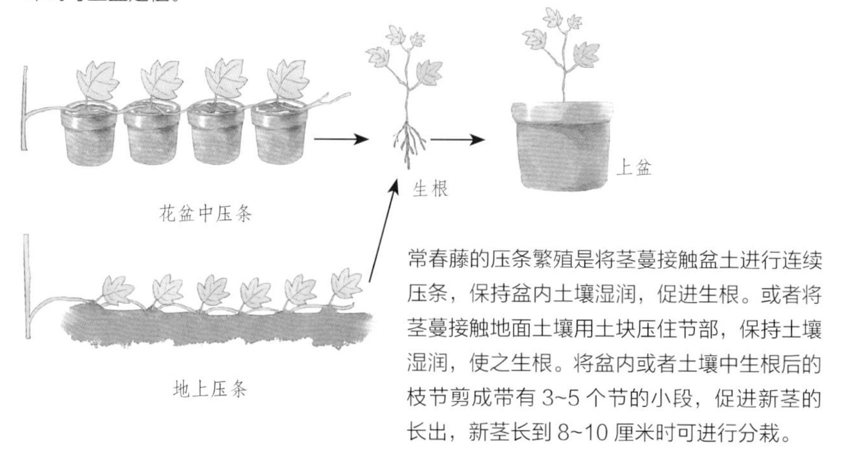

常春藤的压条繁殖是将茎蔓接触盆土进行连续压条，保持盆内土壤湿润，促进生根。或者将茎蔓接触地面土壤用土块压住节部，保持土壤湿润，使之生根。将盆内或者土壤中生根后的枝节剪成带有 3~5 个节的小段，促进新茎的长出，新茎长到 8~10 厘米时可进行分栽。

05

木本花卉的养护

木本花卉在生活中是很常见的，如我们熟识的月季、发财树等，都属于木本花卉。木本花卉的养护并不难，只要有心养护，花卉都会给你最好的馈赠。

袖珍椰子

花期：春季　种植难度★★☆☆☆

袖珍椰子又名矮生椰子、袖珍棕、袖珍葵、矮棕等，原产于墨西哥和危地马拉，十分适宜做室内中小型盆栽。

养护要点

1. 袖珍椰子在新叶抽长时可以适当的喷一些 B9 溶液，抑制植株叶片的徒长，避免影响观赏。

2. 袖珍椰子在花期分化和形成时期可以适当地喷洒一些乙烯利催化剂，喷洒之后要用塑料袋将植株套住，遮阴避免阳光照射。

日常养护

【养护内容】

浇水施肥　光照温度　修剪

浇水施肥

袖珍椰子浇水应注意保持盆土始终湿润，夏季需要注意天气变化，及时清理积水，忌盆土过湿。袖珍椰子生长前期可以每月施肥 1~2 次，生长旺期施麸饼水和复合肥，每 1~2 个月 1 次。

光照温度

夏季遮阴　冬季移入室内

袖珍椰子喜欢温暖的气候，生长期要保证充足的阳光照射，成株夏季一般都需要遮阴，同时适当地喷雾保湿。不耐寒冷，冬季需要移入温室保温，放置在阳光照射处，室内温度应保持在 10℃以上。

修剪方法

修剪密枝、老枝

根据定植成活后袖珍椰子的生长情况可以适当修剪，将过密枝叶、老枝枯叶及时剪取，防止营养的流失，同时配合肥水的管理，促进植株新枝新叶的萌发生长。

小贴士 Tips

袖珍椰子的盆土可以用园土、腐叶土、沙以 5:3:2 的比例混合调制成盆土，并加入腐熟的麸饼作为基肥。盆土配制好后将生根发芽长出真叶的袖珍椰子移至盆内栽植。

繁殖方法

【繁殖内容】

播种　分株

播种繁殖

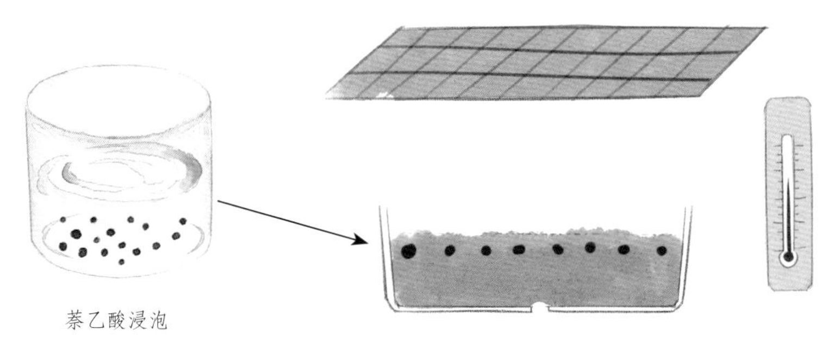

萘乙酸浸泡

播撒在消毒的土壤上

袖珍椰子春季和夏季都可以进行播种繁殖。播种前需要将种子用萘乙酸浸泡，浸泡后，播撒在消毒的土壤上，盖上一些稀土，浇水保湿，在 30℃的条件下 8~10 周可以发芽。

分株繁殖

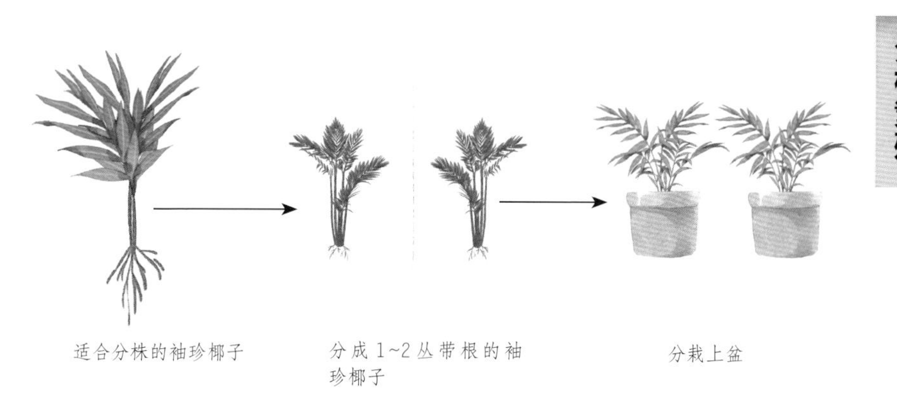

适合分株的袖珍椰子

分成 1~2 丛带根的袖珍椰子

分栽上盆

袖珍椰子除了可以播种繁殖外，还可以用分株繁殖，分株繁殖是袖珍椰子比较常用的繁殖方法。分株繁殖可以结合植株换盆进行，将植株从旧盆中取出，并将泥土抖掉，清洗根系并疏通根系，以 1~2 丛为一组，分栽上盆即可。

小贴士 Tips

袖珍椰子既可以土培养殖，也可以水培。水培可以将袖珍椰子从花盆中取出，抖落泥土，用清水清洗根系后，在水培容器中种植，可以用陶粒固定。

月季

花期：夏季秋季　种植难度★★★★☆

月季又名月月红、长春花、四季花、胜春等，为蔷薇科蔷薇属常绿或半常绿低矮灌木，被称为花中皇后。

养护要点

1. 月季对于生长环境要求不严，抗逆性强，对于干旱、寒冷、高温抵抗能力强，对于土壤要求较低，但以排水、通风良好的酸性土壤最为适宜，最适温度为 15~26℃。

2. 月季对于病害有着很强抵抗能力，但是容易遭受虫害的侵袭，如刺蛾，介壳虫，蚜虫等，特别是在花期，可以扑虱灵可湿性粉剂喷洒防治，也可用氧化乐果乳喷洒防治。但是在花期应该做好肥水管理，增强植株的抵抗能力，防止虫害的滋生与侵袭。

日常养护

【养护内容】

浇水施肥　　修剪

浇水施肥

家庭养月季一般以盆栽形式出现，商业用途的月季则以地栽为主。盆栽和地栽的浇水方式略有区别。盆栽用普通浇水器浇水即可；地栽则需要用水管直接灌溉。在月季的生长期内，特别是夏季盆栽月季可以每天浇水，白天不时喷雾，保持空气湿度，其余时间2~3 天浇水 1 次即可，地栽月季则可以隔天浇水。在月季的生长初期可每 2 周施肥 1 次，忌花期前施肥。

修形修剪

月季幼株时，要打顶促进分枝

开花时，适当疏蕾，并剪去残花

冬季，成年株要适当将长势不好的枝叶剪去

月季幼株在生长期要打顶（即剪去顶芽），以促进分枝加速植株成长，同时也是为了培育出好看的株形。在开花时，要适当疏蕾（即摘除过多的花蕾），并及时剪掉残花，避免养分不必要的消耗。成年株在冬季要定期适当修剪掉长势不好的枝叶，以促进来年开花。

小贴士 Tips

适合月季生活的土壤必须具备疏松、通气佳和排水性好这三个要点。盆栽月季可以选用沙子、蛇木屑、蛭石按 1:1:1 比例混合作盆土；地栽月季则一定要选择不会积水的地点，在地栽前要对土壤进行翻松。

实用操作

【操作内容】

定植　换盆

定植操作

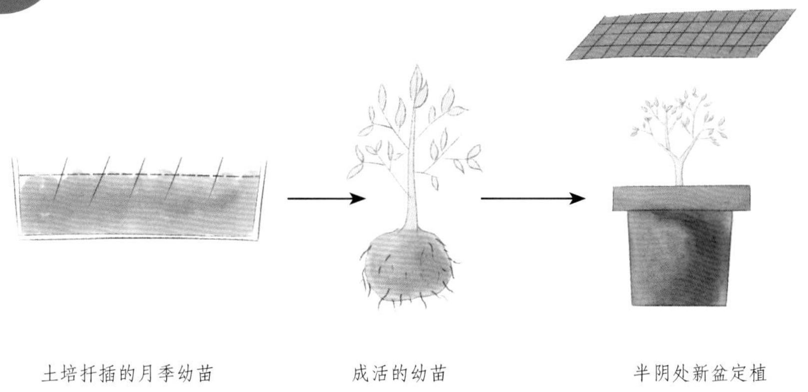

土培扦插的月季幼苗　　成活的幼苗　　半阴处新盆定植

月季的移栽定植可选在 4~6 月进行，当扦插苗生根 2~3 厘米后，不要将根系的土壤全部去除，要留一部分原土壤在幼苗上，这样的扦插苗才能成活。此外，嫁接成活后的植株也是用这种方法定植的。

换盆操作

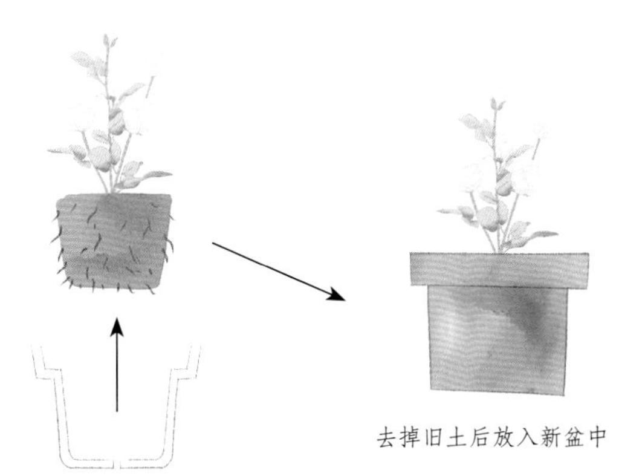

去掉旧土后放入新盆中

将成年月季从旧盆中取出

月季一般 2~3 年换盆 1 次，四季均可进行，将小盆换成大盆，有利于植株的根系生长，更好地吸收养分。在换盆的同时添加新土和一定的基础肥料，既可以防治病虫害，同时能够促进植株更好生长。

小贴士 Tips

在换盆的过程中需要小心谨慎，将月季轻轻从旧盆中托出，再用木棍抖落外围的旧土，这时可以对烂根、病根、过长的根系进行修剪，剪刀最好事先经过消毒处理。修剪完后即可将月季栽种到新盆中。

繁殖方法

【繁殖内容】

嫁接　扦插

嫁接繁殖

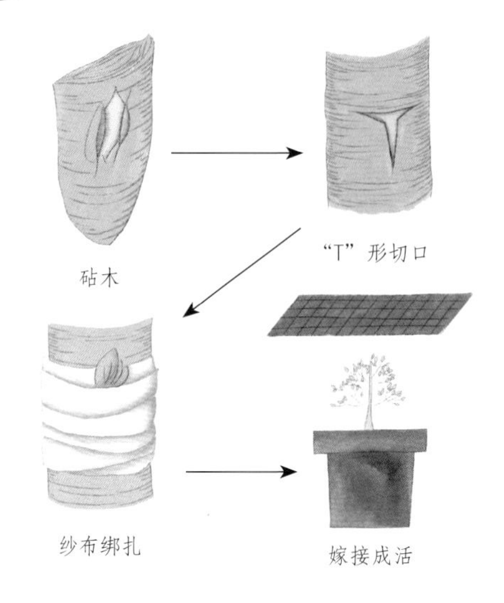

月季还可以采用嫁接法繁殖，时间在12月至翌年2月为宜。一般选用蔷薇做砧木，在砧木枝干的一侧用消过毒的刀片在树皮部开一个“T”形切口，再将发育良好的月季新芽插入“T”形切口中，用塑料袋或纱布绑扎。初期要适当遮阴养护，一般两周左右即可成功愈合，即嫁接成功。

扦插繁殖

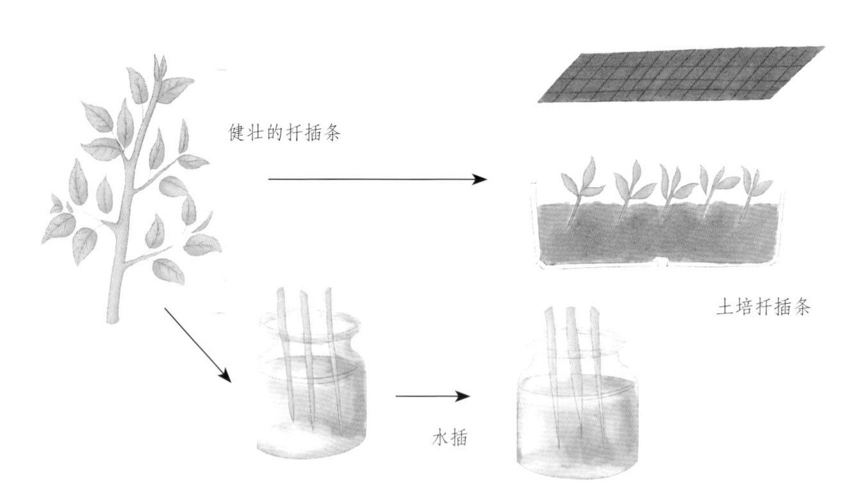

月季的扦插繁殖有两种方法，一种是直接土培扦插，一种是水插。土培扦插可在生长季或在冬季进行，生长季为上半年的4~5月和下半年的9~10月，这段时期温度适宜，扦插成活率高。土培扦插首先要选取健壮、已木质化的扦插条，剪去下端叶片，留1~2个节就可以了，再在下端切口处涂上生根粉，栽入事先备好的土壤中即可。土培扦插先要放在半阴环境中养护。水插时，也要选用健壮、已木质化的扦插条，留2~3个节，要将全部的叶片都去除，在玻璃杯中放入没过扦插条1/3的水即可，每2~4天换水一次，约15天后，看到切口愈合呈白色后，即可取出入土栽培了。

小贴士 Tips

月季扦插枝条一般要选择健壮、已木质化的，且扦插条长度最好在10厘米左右，这样的长度最适合扦插。

一品红

花期：秋季到翌年夏季　种植难度★★★☆☆

一品红又名象牙红、老来娇、圣诞花、圣诞红、猩猩木，为大戟科大戟属灌木植物，原产中美洲。

养护要点

1. 一品红喜好温暖气候，不适合长时间的光照，不耐寒，不耐旱，适合在肥沃、疏松的土壤中生长，生长适温为18~25℃。

2. 一品红主要病害有叶斑病和叶枯病，可用代森锌可湿性粉剂喷洒，发生病害的时候要及时清除病枝病叶，防止传染。常见的虫害主要是红蜘蛛，虫害应该以预防为主，注意养护环境的清洁，同时喷洒药剂来防治。

【养护内容】

浇水施肥　光照温度　修剪换盆

浇水施肥

一品红在生长的过程中要保证肥水，平时 2~3 天浇 1 次水，保持土壤湿润就可以了。夏天可以每天傍晚浇 1 次水，冬天气温较低，要控制浇水。生长旺季，每 15~20 天施 1 次稀释复合肥，出花芽后追加磷钾肥。

光照温度

一品红喜光，光照强度不是很大的时候可以全天接受日照，在炎热的夏天，要将植株搬入半阴处，不让阳光直射，以免灼伤。冬季将植株移入温室，保持温度在 15℃左右可以安全越冬。

修剪换盆

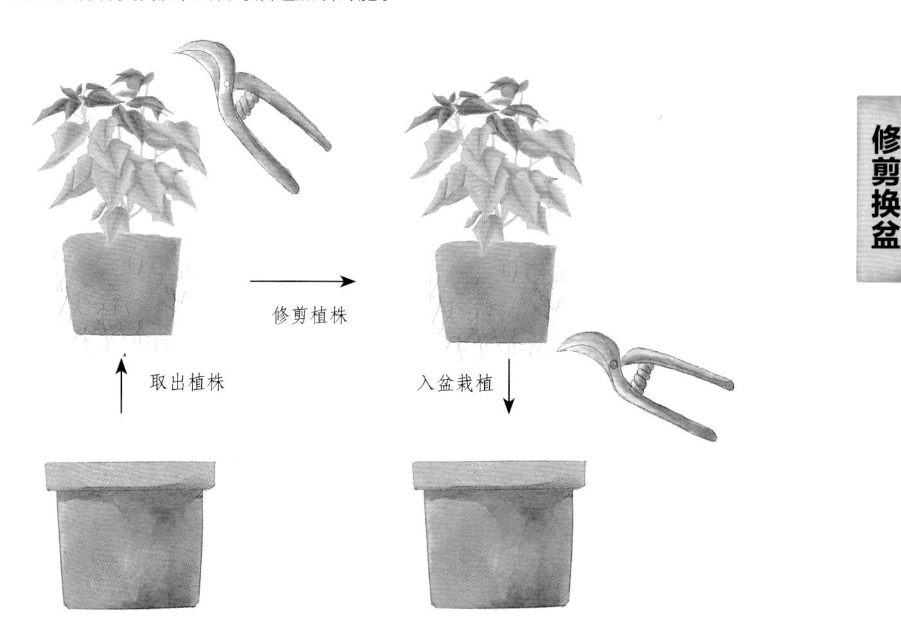

在一品红植株成形后及时修剪病枝病叶，可以在换盆时进行。将植株从旧盆中取出，然后修剪枯枝、弱枝、老根、病根等，并去除过密枝叶，增加植株的通透性，适当地短截，促进新枝的萌发，最后清理掉黄叶、残叶，再重新栽入新盆中。一品红一般 1~2 年换盆 1 次，如果根系长出盆底应该及时换盆。

繁殖方法

【繁殖内容】

扦插

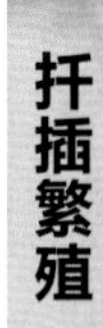

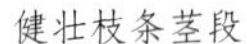

健壮枝条茎段

沙床里的扦插繁殖苗

一品红的扦插繁殖可在春季或初夏进行，剪取 10 厘米左右，1~2 年生健壮枝条茎段作为插条，用自来水冲洗切口，蘸取生根粉后插入沙床中，浇水保湿，移栽至阴凉处养护，等待生根即可。

实用操作

【操作内容】

定植　摘心

定植

成活的幼苗定植入盆

一品红扦插后 30 天左右生根出芽，长出一定数量的真叶以后定植，栽植的时候每 2~3 株为 1 盆，浇水保湿。

摘心

一品红定植后，植株长出新芽时可以进行摘心处理。控制植株的高度，促进侧枝的生长，可反复摘心，直到观赏美观。

栀子花

花期：夏季　种植难度★☆☆☆☆

栀子花又名鲜支、栀子、越桃、支子花，为茜草科栀子属植物，原产于中国，植物叶色四季常绿，花芳香，观赏价值很高。

养护要点

1. 栀子花喜欢温暖凉爽、湿润和光照充足且通风良好的生长环境，稍耐阴，忌炎热潮湿天气，喜欢肥沃、疏松、偏碱性的土壤，生长适温为 18~30℃。

2. 栀子花抗逆性弱，易发生病虫害。病害主要有黄化病和叶斑病，叶斑病用代森锌可湿性粉剂喷洒，并及时清除病害枝叶。虫害有刺蛾、介壳虫和粉虱危害，刺蛾可以用敌杀死乳油喷杀，介壳虫和粉虱可以用氧化乐果乳油喷杀，在平时养护的过程中注意养护环境的通风良好和肥水管理，以有效防治病虫害。

日常养护

【养护内容】

浇水施肥　修剪　光照温度

浇水施肥

栀子花在生长期时，可以根据植株长势每月施麸饼水或复合肥 1~2 次，花蕾期追施磷钾肥。浇水保持盆土湿润即可。

摘心　　修剪根系

修形修剪

栀子花生长初期应多次摘心，促进侧芽生长、萌发新的侧芽。

在换盆的时候对根系进行修剪，剪除植株的病根老根，枯枝老叶，增加植株的长势。

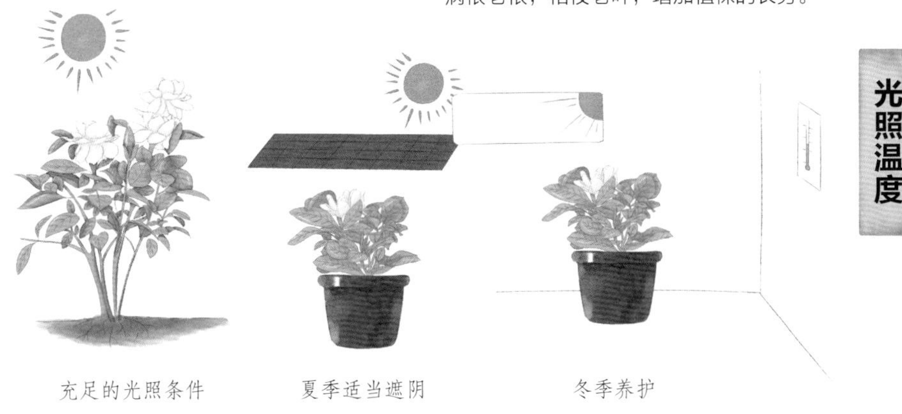

充足的光照条件　　夏季适当遮阴　　冬季养护

光照温度

应保持充足的光照条件，酷热的夏季需要注意遮阴，并喷雾保湿，以免灼伤。北方冬季将栀子花植株移至室内窗台阳光照射处养护，保持温度在零度以上即可安全越冬。

小贴士 Tips

栀子花对环境的适应性很强，肥沃、贫瘠、干湿环境都能生长，但是要使其生长旺盛，则需要在肥沃、疏松和排水性好的土壤中种植，土壤偏酸性更有利于栀子花的生长。可选用腐叶土、沙子、园土按 3:2:5 比例混合。

栀子花浇水可以选用淘米水或直接用雨水，如果是自来水，则放置 2~3 天再用。

繁殖方法

【繁殖内容】

扦插　压条　分株

扦插繁殖

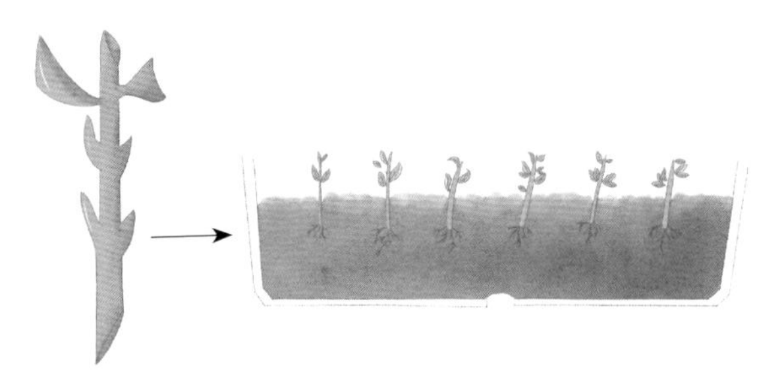

栀子花选择在夏季进行扦插繁殖，截取长约 15 厘米的带有 2~3 个芽的枝条作为插条，蘸取生根粉后插入一半在湿润的沙床中，大约半个月的时间可生根。

压条、分株繁殖

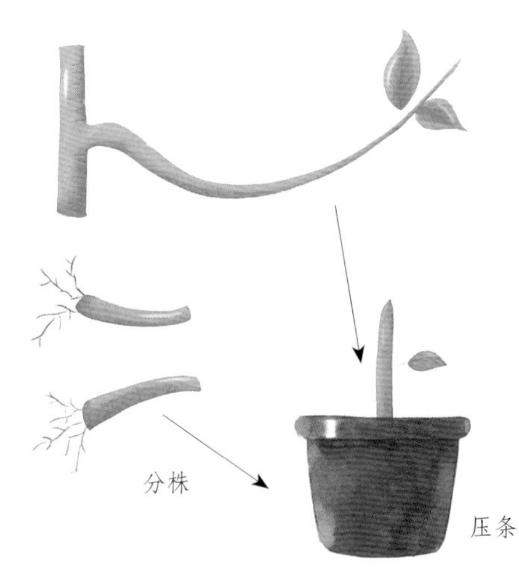

栀子花可以进行分株繁殖，春天、夏初在换盆的时候可以进行分株。同时也可用压条繁殖，选择基部生长的 2 年生枝条压入土中，并浇水保湿，促进生根，之后上盆定植。

实用操作

【操作内容】

定植

定植

成活的幼苗定植入盆

在栀子花幼苗成长期做好间苗工作，当幼苗的叶子完全展开后，可以带土定植。地栽的植株选择长出 4~5 片真叶时的幼株，并注意保持株行距，盆栽植株可待长到 5~7 厘米时进行定植。

山茶花

花期：秋季到翌年夏季 种植难度★★☆☆☆

山茶花又名茶花，是山茶科山茶属灌木或小乔木植物，原产于中国东部，植株形姿优美，观赏价值很高，是世界名贵花木之一。

养护要点

1. 山茶花喜欢温暖湿润、通风良好的环境，对于环境的要求比较高，适合在排水良好、疏松肥沃的沙质壤土中生长，生长适温为 20~32℃。

2. 山茶花如果管理不当，容易遭受病虫害的侵袭。主要病害有轮纹病、炭疽病、枯梢病、叶斑病、烟煤病等，对于这些病害可以采用托布津、百菌清等药剂防治。害虫有粉介壳、蚜虫、红蜘蛛等，主要以环境控制为主，时常清扫，保持栽培场所的清洁，严重时可以针对性地用药处理。

日常养护

【养护内容】

浇水施肥　光照　修剪

浇水施肥

对于山茶花，浇水保持土壤湿润即可。夏季可以适当地增加浇水量，可早晚各浇 1 次。冬季要控制水量，保持土壤在偏干的状态即可。生长初期每月施肥 1~2 次，生长旺期可每月交替施麸饼水和复合肥 2~3 次，孕蕾期可以追加磷钾肥。

光照养护

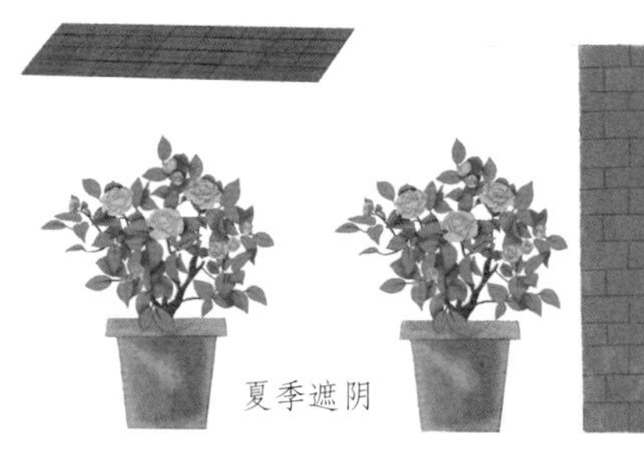

夏季遮阴

在夏季，应该将山茶花移至阴凉处养护，在午间气温高的时候可以适当喷雾保湿。

修形修剪

定植成活的山茶花幼苗可以适当进行摘心，使株形丰盈。在生长的过程中可以根据植株的生长情况进行适当地修剪，开花后剪去败落的花茎，配合肥水，可以促进花枝再生。

小贴士 Tips

山茶花喜爱肥沃、疏松、透气性佳、排水性好的微酸性土壤，可以用花卉营养土、山泥、珍珠岩按 6:3:1 比例混合而成。

实用操作

【操作内容】

换盆

换盆操作

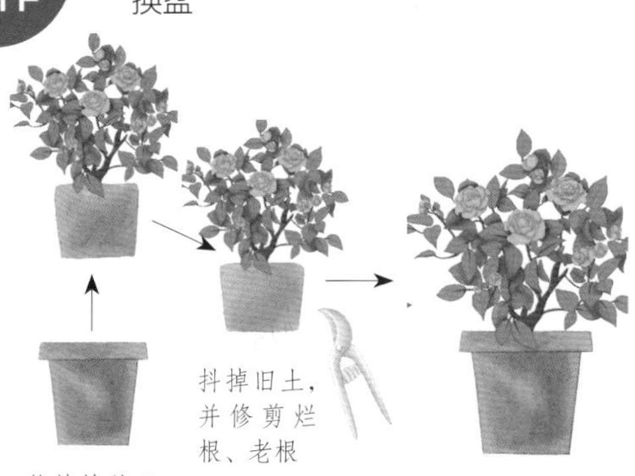

山茶花 2~3 年换盆 1 次。换盆时，要先将植株从旧盆中轻轻脱出来，不要伤及植株，然后将最外层的旧土轻轻抖去，但要留一部分旧土在植株上，这样能让植株在适应新土壤前，有充足的养分供应，同时还要用剪刀将老根和烂根剪去，这样才能让植株更好地成活。换盆后放置于半阴处养护，也可以直接将花盆放在靠墙、不受阳光直射的通风处养护。

繁殖方法

【繁殖内容】

扦插　芽接

扦插繁殖

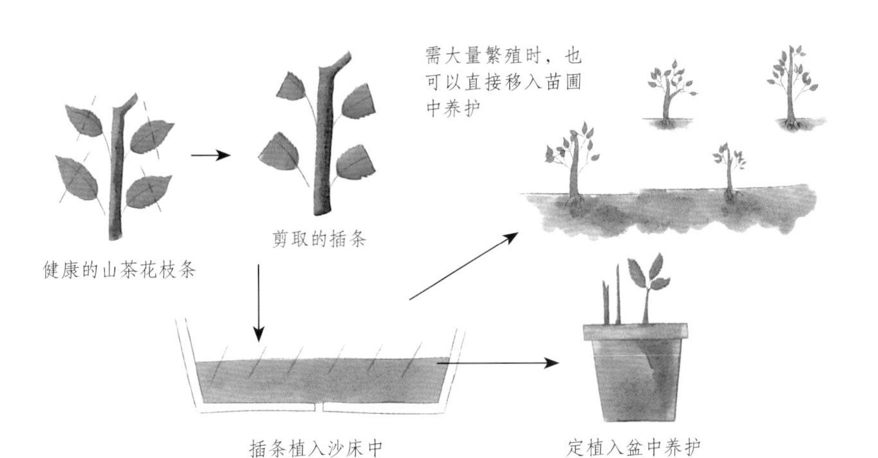

山茶花的繁殖可在春夏两季进行。选择健康的枝条做插条，插条要将所有叶片剪去 1/2 或者直接去除下端叶片，这样做的目的是保留养分，保证扦插成功。插入沙床后放置在荫蔽处并喷水保湿，大约 60 天后出根。当根长到 3~4 厘米高时，可以定植入花盆中养护，或者需要大量繁殖山茶花时，移入苗圃中培育。

芽接繁殖

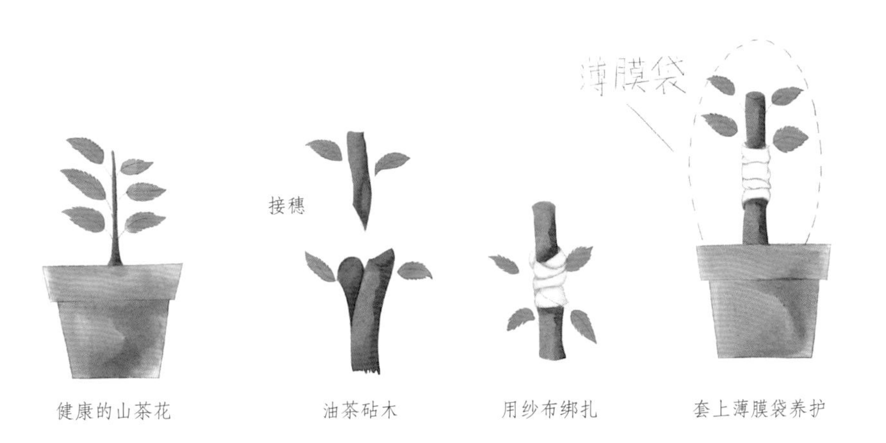

山茶花的繁殖还可以选择芽接法，这种方法适合不容易生根的山茶花。芽接法和嫁接法相似，即选取已经半木质化的山茶花枝条做接穗，以油茶茶树枝干为砧木，直接将砧木劈开一个口，再用刀片将选取的接穗底部切开，切成与砧木相符合的楔形，后立即将接穗插入砧木裂口处，再用纱布绑扎。最后套上干净的薄膜袋即可，约 40 天可去除薄膜袋，2 个月即可萌芽成活。

牡丹

花期：秋季到翌年夏季 种植难度★★☆☆☆

牡丹是多年生落叶小灌木植株，叶片为绿色，花色丰富，以黄、绿、肉红、深红、银红最为常见，颜色十分鲜艳，是最具观赏价值的花卉之一。

养护要点

1. 牡丹是阳性植株，喜欢温暖、凉爽、干燥、阳光充足的环境，有一定的适应能力，对于干旱和寒冷都有一定的抵抗能力。适宜在疏松、肥沃、排水良好的中性沙壤土中生长。

2. 牡丹的病虫害主要有牡丹根结线虫病、牡丹灰霉病、牡丹褐斑病、炭疽病等，对于这些病害，一般以预防为主，加强管理。对种植土壤消毒，保证种植环境的良好通风。栽植前对苗木进行消毒，浇水不要过湿，日照不要过强等等，再加上药剂的辅助作用，可以使植株很好地生长。

日常养护

【养护内容】

浇水施肥　修剪

浇水施肥

牡丹有一定环境适应能力，在初期养护的时候，特别是夏季，保持盆土湿润即可，避免积水。秋季，盆土以干为宜，不得过度浇水。秋后肥水需减半，以少量饼肥或微生物肥为主，有机肥转为复合肥，其后有机肥缓施或停止使用。

修形修剪

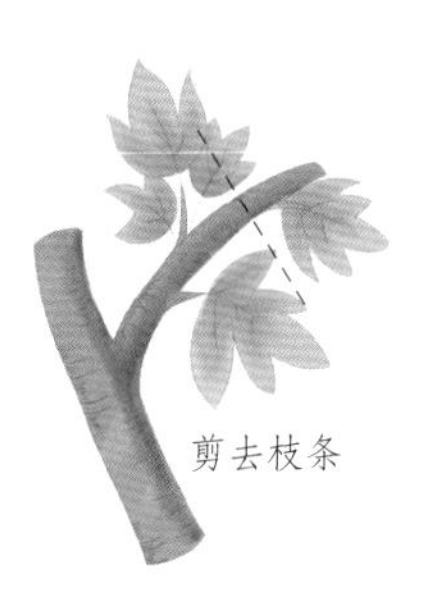

剪去枝条

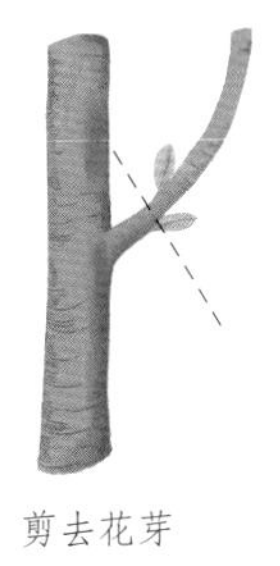

剪去花芽

开花的牡丹

牡丹在6月中旬时要进行一定修剪，即每个枝条上留下两个侧枝，其他的枝条全部剪掉。冬季牡丹落叶后，每个枝条上留两个花芽，其余全部剪掉。

花期将牡丹置于明亮光照处，每天接受4小时以上的光照，保持温度在15~20℃。牡丹开花后，将开过的残花连同花枝一起剪掉，并剪掉弱枝、病枝和杈枝。

繁殖方法

【繁殖内容】

嫁接

嫁接繁殖

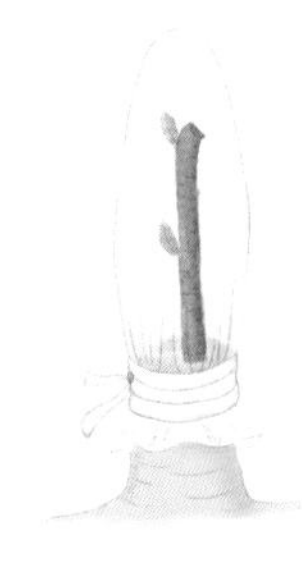

在芍药根茎上用刀切开一个舌形切口，再把牡丹接穗上削成相结合的切口，两者结合在一起

牡丹的繁殖可以采取嫁接法，时间以秋季为宜。砧木可选择芍药根茎头，接穗用牡丹的一年生短枝，采用劈接的方式进行嫁接，最后用纱布绑扎即可。

茉莉

花期：夏季　　种植难度★★★☆☆

茉莉花又名香魂、莫利花、没丽、没利、抹厉、末莉、末利、木梨花，为木犀科素馨属直立或攀援灌木，原产于印度。

养护要点

1. 茉莉喜高温、多湿，半阴、通风的环境，忌阳光直射，喜欢排水和通风良好的土壤，生长适温为 18~30℃。

2. 茉莉容易感染病害，如叶斑病、煤烟病、炭疽病。植株幼苗时尽量避免碰伤，对栽植环境进行消毒，可以喷洒农用青霉素进行预防，避免叶面积水，保持良好的通风。当发现病害植株时，要隔离植株，并去除病害部分。

日常养护

【养护内容】

浇水施肥　光照　修剪

浇水施肥

茉莉的浇水可以遵循见干见湿的原则，保持土壤湿润即可，不可过湿，除了在夏季需要适当地增加浇水量以外，其他季节只要保证土壤处于偏湿的状态即可。在生长初期可以半个月施肥 1 次，待植株成形以后施肥 1~2 次即可，地栽的植株结合松土培土施肥即可。

光照养护

茉莉夏天高温时要遮阴，保持通风良好，适当地增加浇水量，并定期喷雾增加湿度。茉莉耐寒能力不足，特别是在北方，种植在温暖的温室或者盆栽的植株移至室内养护时，应放置在阳光照射处，并保证室温不低于 10℃时。

修形修剪

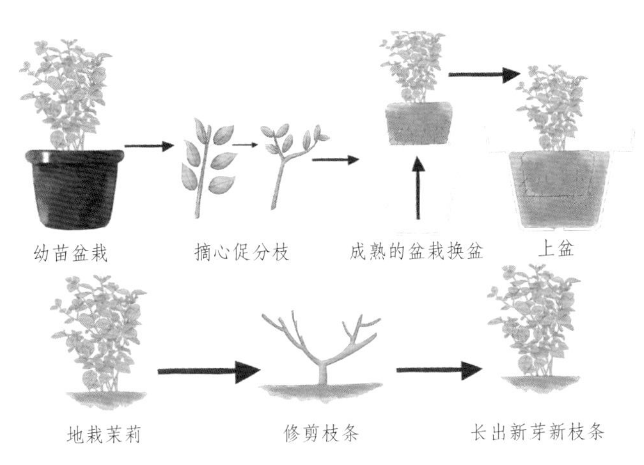

茉莉盆栽在幼株期需要进行摘心，一般摘心 2~3 次即可，可以促分枝，培育矮化植株，达到最佳观赏效果。

日常的修剪可以在植株换盆时进行，剪去植株老根、老叶和病害部分，花期剪去败花的花茎，配合肥水，可以延长花期。随着植株的生长，根据具体植株的长势一般 1~2 年换盆 1 次。

地栽茉莉 3~4 年时，也需要整形修剪，一般在冬季进行，将基部和上部叶片全部剪除，可以促进重发新芽。

小贴士 Tips

茉莉在微酸性土壤中能更好地成活，可以用腐叶土、炉灰、沙子、有机肥按 3:3:1:1 比例混合做茉莉盆土。

繁殖方法

【繁殖内容】

扦插　压条

扦插繁殖

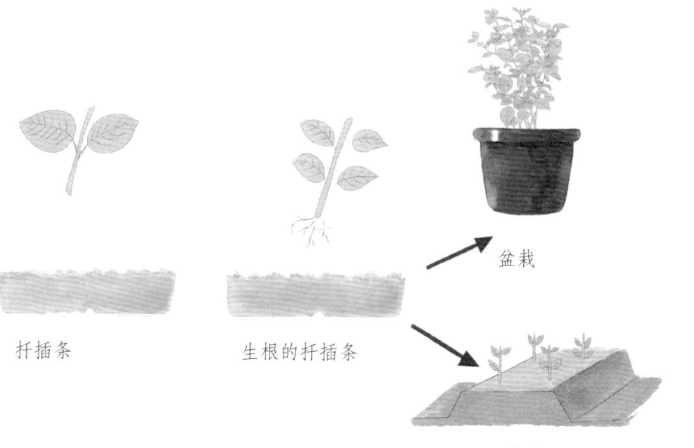

茉莉的扦插繁殖选择在秋季梅雨季节进行，截取长约 10 厘米的 1 年生茉莉枝条，且必须含有 2~3 个茎节的嫩枝作为插条，去掉底部叶片，留取顶部叶片，蘸取生根粉后插入湿润的沙床中，定期浇水喷雾，保证湿度，大约 1 个月的时间即可生根。

压条繁殖

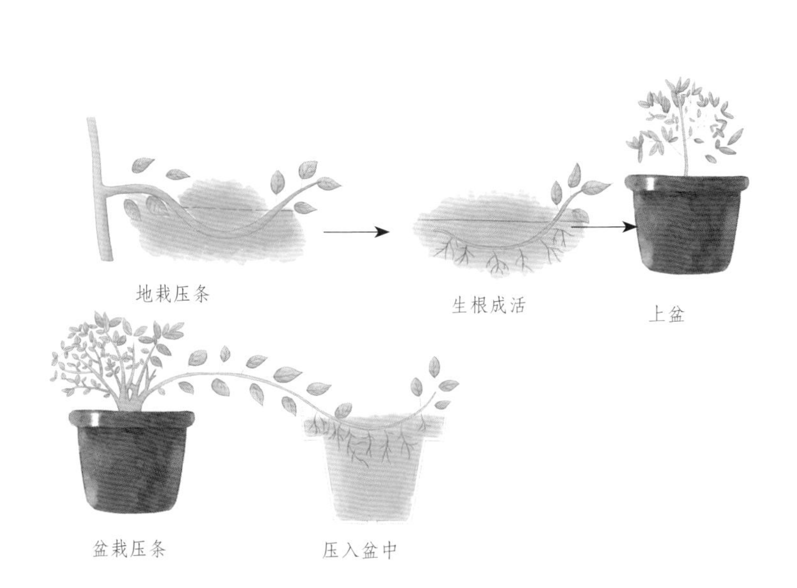

在春末夏初时将一年生的茉莉枝条埋土或者压入盆中，浇水片喷雾保持湿度，1 个月即可生根发芽。

06

宿根及球根类花卉的养护

或许你不知道，生活中有很多花卉是宿根或球根的，比如我们熟悉的郁金香、百合、风信子等都属于这类花卉。因为这类花卉有其特殊性，所以在养护的过程中也需要用心照顾。

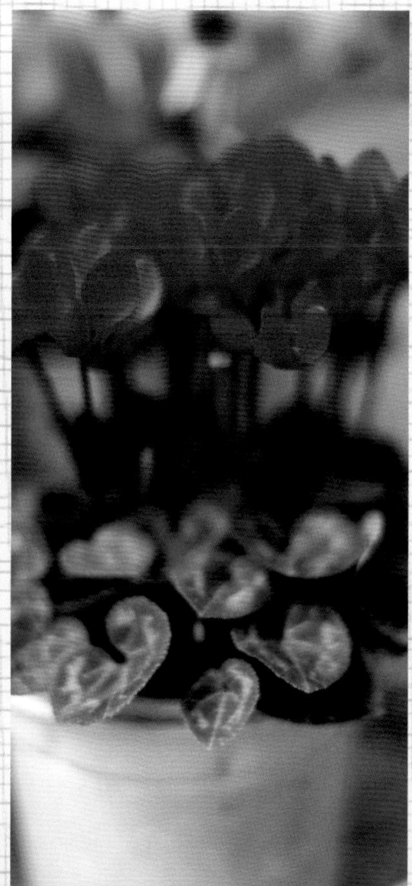

郁金香

花期：春末夏初　种植难度★★★★☆

郁金香又名洋荷花、草麝香、郁香、荷兰花，百合科郁金香属的草本植物，是土耳其、哈萨克斯坦、荷兰的国花。

养护要点

1. 郁金香喜欢凉爽、湿润、阳光充足的地方，害怕强光照射，较为耐寒，耐半阴，喜欢肥沃、疏松、排水性良好的沙壤土。生长适温为 15~22℃。

2. 郁金香常见的病害有腐朽菌核病，在选择种球时就需要剔除受伤、生病的鳞茎，种植前需要对土壤消毒，发现病株时立即拔出，并用代森锌可湿性粉剂化水喷洒。常见的还有碎色病，可用氧化乐果乳喷洒。

日常养护

【养护内容】

浇水施肥　配土

浇水施肥

夏季高温天气要多浇水，使土壤始终湿润；冬天寒冷天气注意防冻，减少浇水的量。翌年春天，可以每隔 15 天左右浇 1 次水。生长初期可以依靠基肥而暂时不施肥，生长旺期可以施麸饼与复合肥 1~2 次，孕蕾期喷洒磷钾肥，增加花叶的色泽。

配土方案

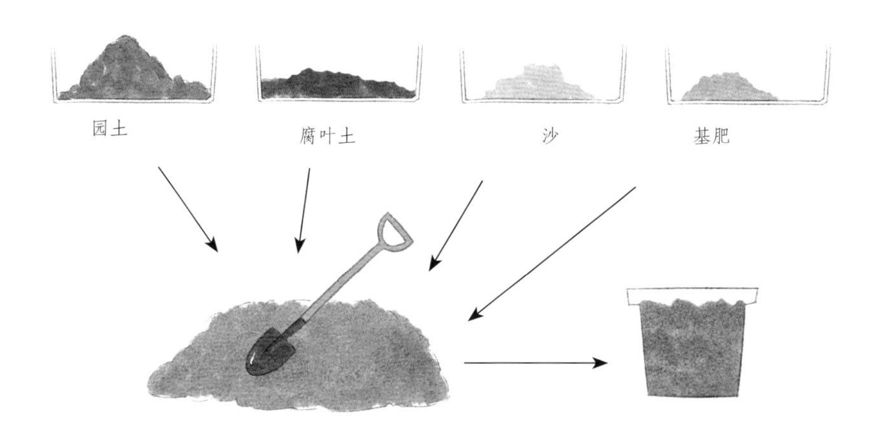

郁金香的配土方案可采用园土、腐叶土、沙按 6:2:2 的比例混合，如果有条件的话可以再加入少量腐熟麸饼和骨粉基肥，将配土放入花盆中做盆土即可。

小贴士 Tips

还可以直接用沙子、蛇木屑或泥炭土按 1:1 比例混合，加上少量的骨粉做基肥，这样搭配而成的土壤也很适合郁金香的培育。

繁殖方法

【繁殖内容】

播种　分球

播种繁殖

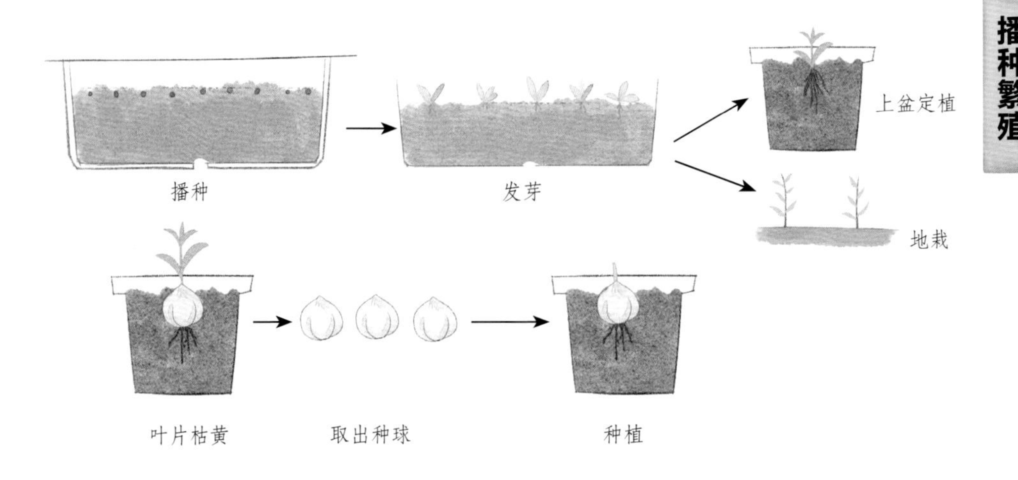

郁金香播种的苗需要 3~4 年才可以培育成开花植株。将成熟的果实连茎一起剪下阴干，取出种子储存。9 月末可以播种，播种后浇水、遮阴，发芽后移除遮阴物逐步增加光照，出叶之后可以上盆定植或者地栽。到第二年叶片枯黄后取出种球，等到秋后再种植。以此反复，经过数年后可以使植株开花。

分球繁殖

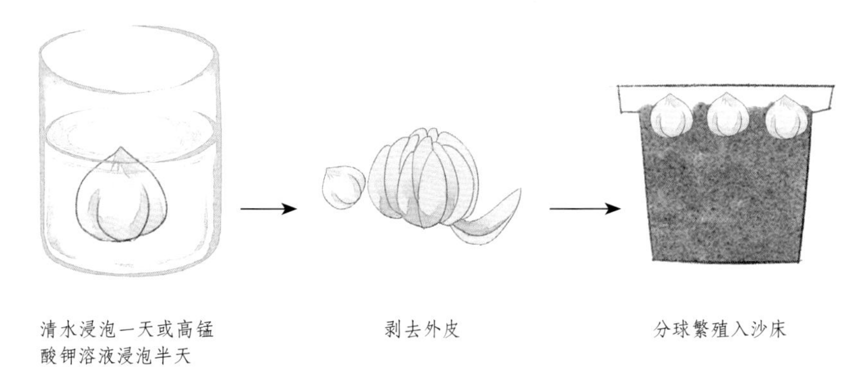

郁金香在 6 月份时，一般地上部分就开始枯萎，这时就可以将底下的鳞茎挖出，经过去土阴干后放在 5~10℃的环境中存储，到 9~10 月时，再将鳞茎取出来分球繁殖。分球繁殖要先将鳞茎放在清水中浸泡一天或者在高锰酸钾溶液中浸泡半天，剥去外皮露出根系，再将其分成若干个带有根系的小球，将这些小球 3~5 个栽植入花盆中即可。

小贴士 Tips

在郁金香开花后要及时摘头，摘头指的是摘除花头，目的是让翌年开更多的花。

如果为了培育更好的种球，可以在长出花蕾的时候，就将花蕾除去，这样便可分球繁殖。

风信子

花期：春季　种植难度★☆☆☆☆

风信子又名洋水仙、西洋水仙、五色水仙、十样锦，为风信子科风信子属多年生草本球根类植物。

养护要点

1. 风信子喜欢高温多湿的半阴环境，害怕强光直射，可接受柔和的光照，适合肥沃、疏松、排水性良好的沙壤土，生长适温为15~20℃。

2. 风信子常见的病害有黄腐病、白腐病、叶斑病等。选取种球时应当选择健壮的子球，种植的土壤也要事先用福尔马林进行消毒，发现病株时要及时清除，并喷洒波尔多液。

日常养护

【养护内容】

浇水施肥　配土

浇水施肥

盆栽土培的风信子生长期要充足浇水，保持土壤在常润状态，花期之后要减少浇水量。鳞茎进入休眠期的时候要停止浇水。无需过多施肥，在开花前后各施 1~2 次稀薄的麸饼水或者复合肥，可以适当地喷洒一些磷钾肥来维持花叶的色泽。水培的风信子要求水位离球茎的底盘要有 1~2 厘米的空间，让根系可以透气呼吸。不要将水加满没过球茎底部。水培的风信子无需施肥，换水就好，可每 2~3 天换 1 次水。

配土方案

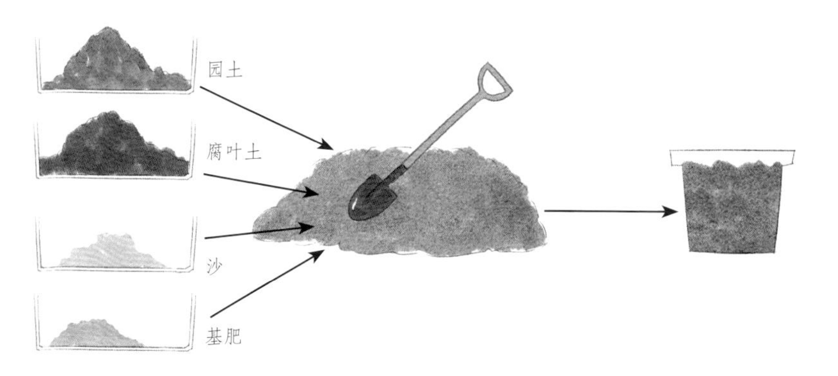

风信子盆土可以选择用园土、腐叶土以及沙子以 5:2:3 的比例混合，再加入适量的麸饼和少量的骨粉作为基肥。

繁殖方法

【繁殖内容】

播种　分球　快速培育

播种繁殖

风信子用播种繁殖比较少，因为播种后的幼苗往往需要培育好几年才可以开花，所以这种繁殖方式一般只用于植株新品种的研究。种子寿命不是很长，采得种子后应该及时播种，盖土并遮阴，经过 1~2 个月可发芽。

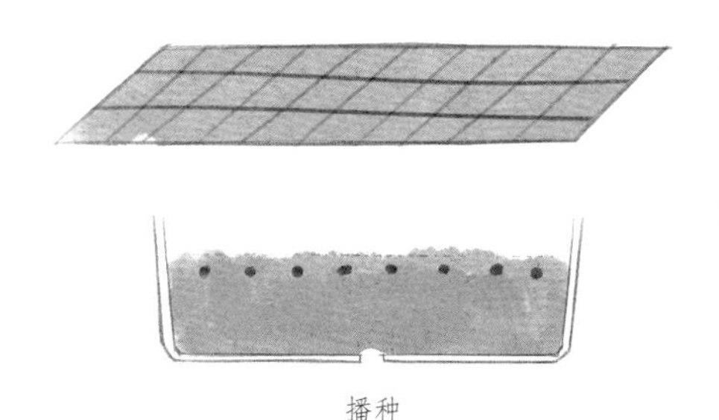

播种

分球繁殖

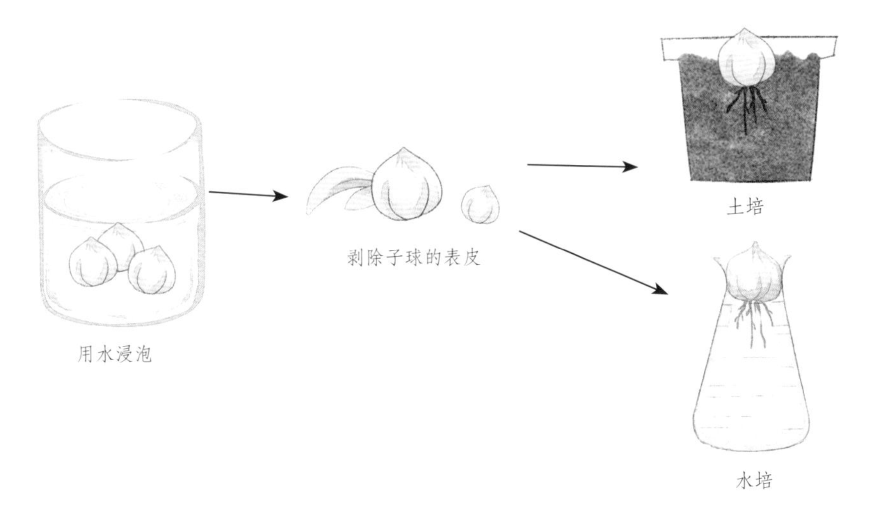

风信子花期结束之后将植株的鳞茎挖出，阴干后放在阴凉通风的地方贮藏，等到秋天的时候将子球剥落下来用水浸泡，拿出后剥除子球的表皮，再将子球种植在盆中，也可以用来水培。风信子很适合水培养护，所以在市场上见到的风信子一般都是水培养殖的。

快速培育

风信子可以在 10 月末取健壮的大球，种植在营养土中，浇水保持盆土湿润。不需要花盆，将风信子放在露地阳光下直接培育，待生根即可，到 12 月气温开始降低的时候大球发芽，将它移到室内培育，室内温度保持在 5~10℃。当植株出叶之后再将植株移到阳光下培育，并常常喷雾保湿，孕蕾期可以入室增加温度至 15~18℃，元旦左右就可以开花。若推迟入室的时间可以控制花期。

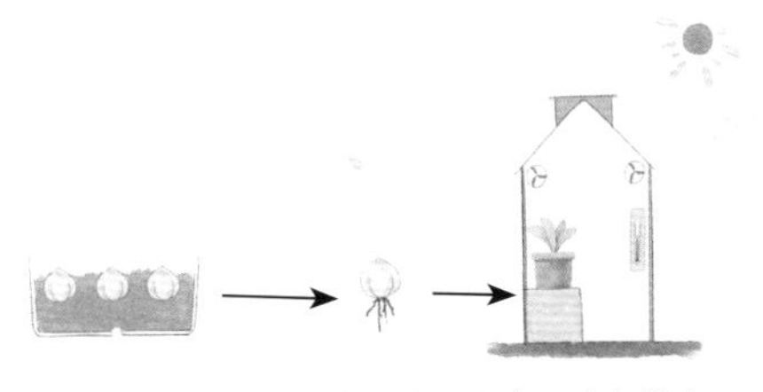

12 月将它移到室内培育，室内温度保持在 5~10℃

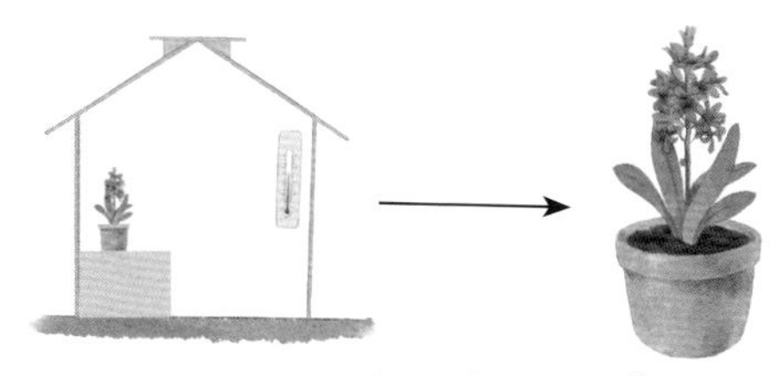

孕蕾期可以入室增加温度至 15~18℃

小贴士 Tips

风信子的采收和储藏都需要一定的技巧，采得的大球需要单层不累加地铺在筛子中。首先在 30℃的温度下放置 2 周，再将温度降到 25℃放置 3 周，最后将大球放在 13℃的温度下贮藏，秋天时拿出种植。在以上过程中要注意若发现病球应及时剔除。

水仙

花期：冬季　种植难度★★★★☆

水仙又名凌波仙子、金盏银台、落神香妃、玉玲珑、金银台、雪中花等，为石蒜科水仙属多年生草本植物。

养护要点

1. 喜欢凉爽湿润、阳光充足的环境，可以忍受0℃的低温。水仙种类繁多，适合种植在富含有机质的中性或微酸性土壤中。生长适温为10~15℃。

2. 水仙主要的病害有大褐斑病和枯叶病等。大褐斑病主要危害水仙茎叶，发病初期可用百菌清可湿性粉剂化水喷洒。枯叶病多发生在水仙叶片上，在种植前要用高锰酸钾冲洗预防。

繁殖方法

【繁殖内容】

水培

种球选择

肥硕鳞茎

种球应该选择扁圆形的肥硕鳞茎，用手按上去会有坚实的饱满感。鳞茎表皮应该富有光泽，两侧有对称的侧芽，底部根盘要明显，且根点要密集。

不雕刻的种球水培

撕去表皮 → 清水中浸泡

将选好的种球清理干净后撕去表皮，把种球放入清水中浸泡 1~2 天即可上盆水培栽种了。

雕刻的种球水培

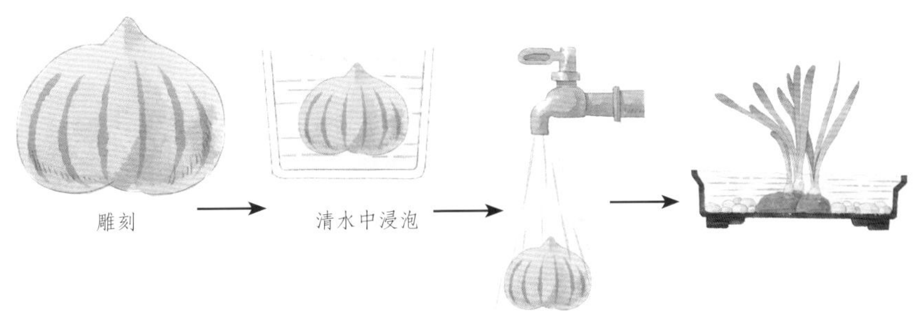

水仙的种球雕刻可以提高水养水仙的观赏价值，有助于叶片和花枝的抽生。它的雕刻手法很多，需要娴熟的技艺。最简单的雕刻是用小刀在离种球底部 1~1.5 厘米的地方横切，深度为 1 层磷皮，再分别在主芽和侧芽处从顶部开始往下纵切，直到切到下面的横切线，深度与横切线相同。雕刻之后需要将种球放入清水中浸泡半天或者一天，后拿出来用水冲洗即可上盆栽种。

小贴士 Tips

水仙刚上盆时，可以每日换 1 次水，以后每 2 ~ 3 天换 1 次，花苞形成后，每周换 1 次水。

水仙喜肥，开花期在 6~9 月，需每 2~3 天施 1 次含磷的液肥，可用腐熟的豆饼加水稀释，也可用鱼腥水肥液或硫酸铵等。

实用操作

【操作内容】

上盆　株高控制　花期控制

上盆

种球长出茎叶可以换盆水养。用干净的棉花或者吸水纸覆盖在种球留下的伤口上，以免伤口流出的黏液见光之后变成褐色而影响植株的美观。将水仙直立摆放在专用的水仙盆中，水深到达种球的2/3，用卵石将种球固定。水养水仙无需施肥，只要2~3天换1次水，若换的是自来水，应事先将水放在水缸中存放1天。每天应该放置在阳光下照射一段时间。

株高控制

不雕刻直接水养的水仙叶片容易长高，且花枝短，影响观赏。平时应做好光照、温度的调控，应放置在室内光线明亮处，每天都要给予一定时间的光照，室内要通风，白天温度适宜在13~18℃，晚上温度适宜在3~5℃。当根长超过5厘米时，可以适当降温并加强光照来抑制植株高度。

花期控制

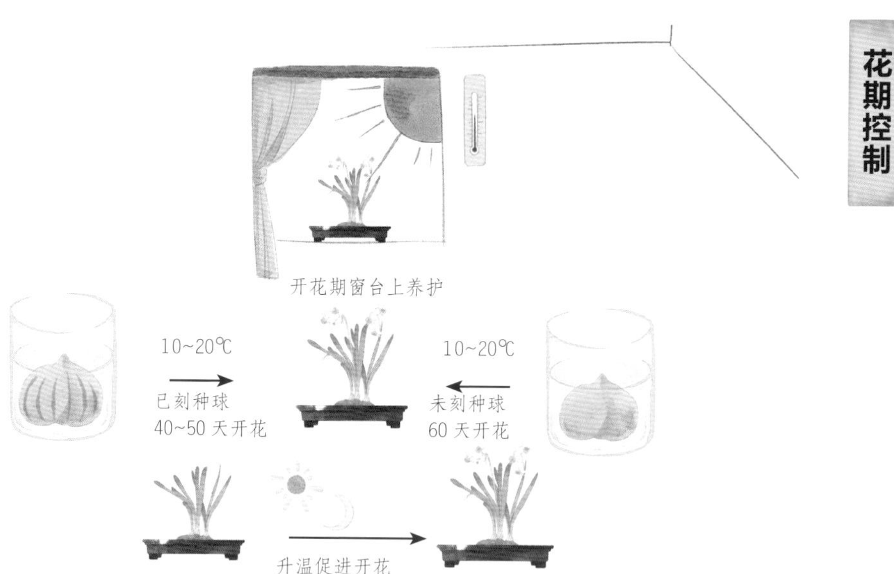

水仙在开花期可以放在有散射光的窗台上养护，能有效延长花期。

在同等适宜的温度下，雕刻的水仙比未雕刻的水仙要提早开花。比如10~20℃下，经雕刻后的水仙45~50天可以开花，而没有雕刻的水仙要60天开花。另外控制水温也可以改变花期，升温有助于开花，而降温可以抑制开花。

仙客来

花期：夏季　　种植难度★★☆☆☆

仙客来是报春花科仙客来属多年生草本植物，又名萝卜海棠、兔子花。仙客来花单生于花茎顶部，有红、白、青等色。

养护要点

1. 仙客来喜欢温暖凉爽的湿润环境，害怕酷热，惧怕严寒，喜欢肥沃、疏松、排水性良好的沙壤土，生长适温为15~22℃。

2. 仙客来常见的病害有灰霉病、叶斑病，灰霉病可以通过降低温度、增加通风、增加苗间距离等来预防，也可以用真菌杀菌剂来防治。叶斑病可以用代森锌液喷洒。常见的虫害有蚜虫和卷叶蛾，可以用氧化乐果乳喷洒。

【养护内容】

浇水施肥　光照温度　配土

光照养护

仙客来怕过湿的环境，每天上午浇水 1 次，沿花盆边缘慢慢浇下。花期过后减少浇水量，可以 2~3 天浇 1 次。7 月过后可以停止浇水，使植株叶片自己枯萎，进入休眠期。生长期可以每月施两次麸饼水肥，花前增施磷钾肥。施肥不可过浓，以免伤害植株根系。

夏季高温的时候，应对植株进行遮阴，放在阳光散射的地方，加强通风并喷雾降温，停止施肥，浇水也应慢慢停止。冬季是植株开花旺季，光照、温度、肥水都要充足。

配土方案

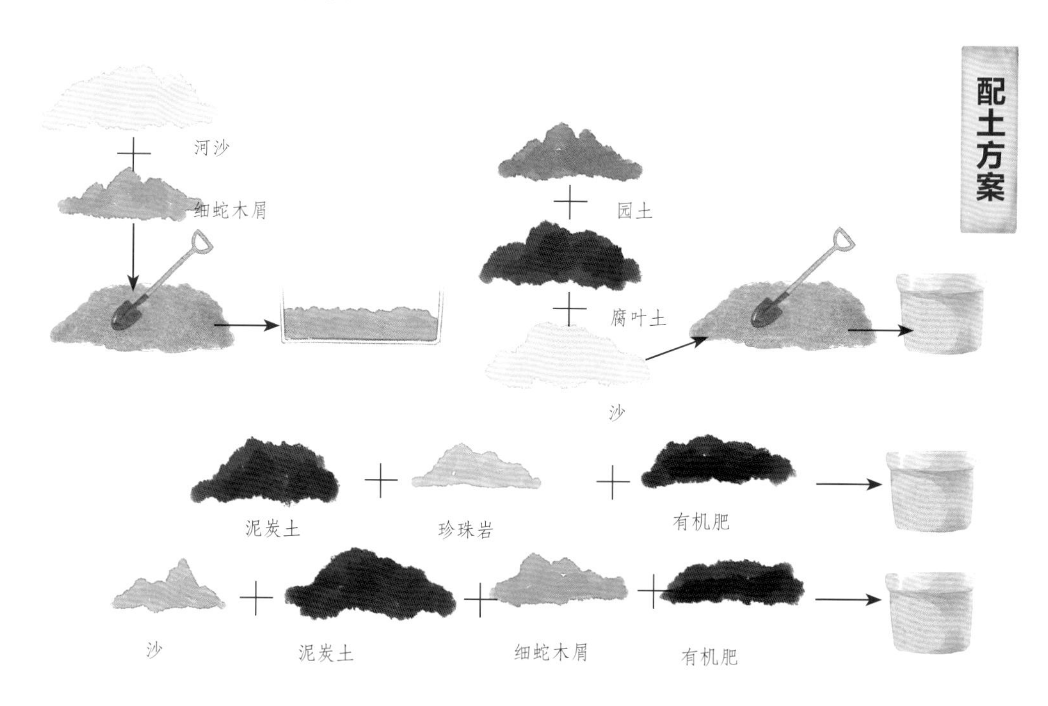

仙客来播床基质可以用河沙与细蛇木屑以 4:6 的比例搭配调制而成。盆栽的基质可以使用园土、腐叶土、沙按 4:2:2 混合调制，或用泥炭土、珍珠岩按 7:3 的比例混合，基质中应该加入适当的腐熟肥料作为基肥。也可以用沙、泥炭土、细蛇木屑、有机肥按 5:2:2:1 的比例混合而成作为盆土。

繁殖方法

【繁殖内容】

播种　分茎

播种繁殖

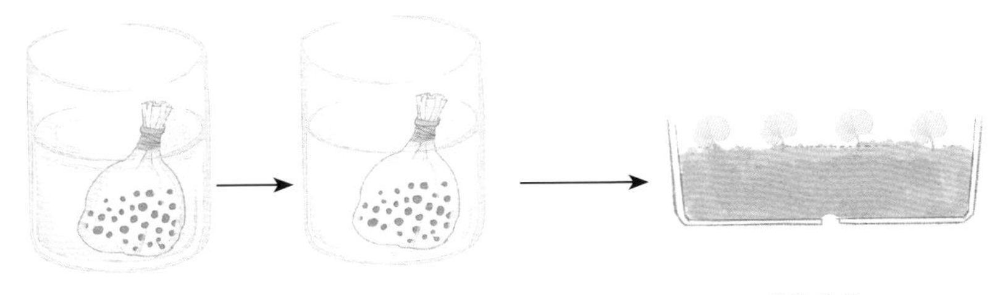

播种前需要用开水浸泡土壤，进行消毒，再将种子放在温水中浸泡 24 小时，可以促使种子提早发芽。将种子拿出后沥干播撒，撒后覆土，用盆浸法给水，放在阴凉处，18~20℃的温度条件下，约一个月可以长出整齐的幼苗。

分茎繁殖

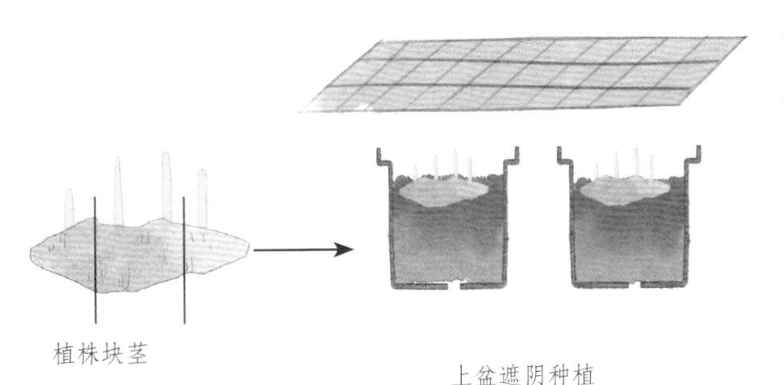

可以等到块茎发新芽时，将块茎切成若干份，每份块茎都带 1~2 个小芽，将块茎伤口晾干后就可以上盆种植了。

实用操作

【操作内容】

定植

定植

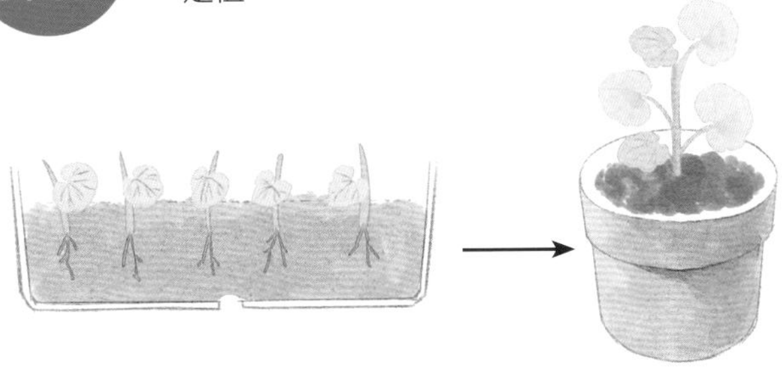

播种后的幼苗长出 1~2 片真叶时可以移栽假植，长出 3~5 片真叶时，可以换大盆移栽假植，长出 7~8 片真叶时可以上盆定植或者地栽。

马蹄莲

花期：春季　种植难度★★★☆☆

马蹄莲原产于非洲南部，又名慈姑花，水芋、观音莲。开漏斗状的花，苞片中有突出的蕊柱。花有白色、黄色、红色等。

养护要点

1. 马蹄莲喜欢温暖的环境，耐半阴，不耐寒冷，害怕阳光直射，喜欢疏松肥沃的土壤，生长适温为 15~25℃。

2. 马蹄莲容易遭到烟害，经常受到烟熏会使叶面枯黄影响开花，因此要将植株放在空气流通的地方。常常容易遭受的虫病为蚜虫，可以用氧化乐果乳喷杀。

日常养护

【养护内容】

浇水施肥　修剪　配土　种球采收

浇水施肥

马蹄莲浇水太少的话，叶柄就会因失去水分容易折断，浇水太多根系又容易腐烂。所以需要适度的浇水，生长期要保持盆土的湿润。施肥也不宜太多或者太少。生长期每 20 天左右施 1 次麸饼水，生长旺季可每 10 天施 1 次稀薄的复合肥。

修形修剪

马蹄莲可以不用摘心，叶子繁茂的时候及时疏叶，花谢后及时剪掉残花，修理花茎，配合水肥，可再度开花。如果植株过高，可以喷施矮状素控制株高。

配土方案

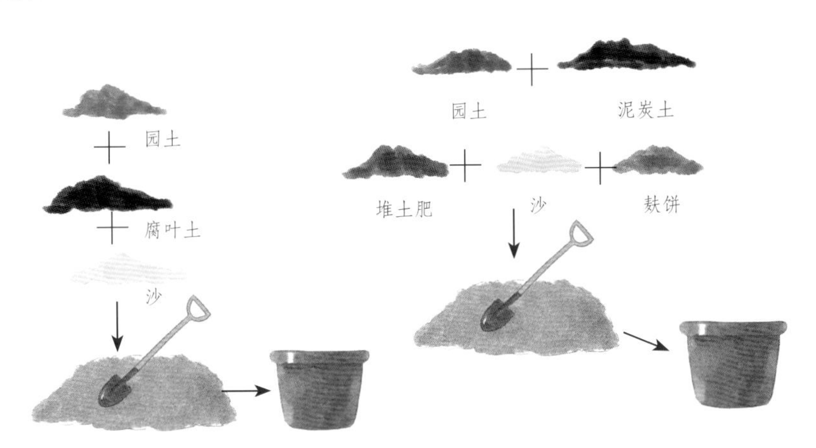

马蹄莲盆土可以选择用园土、腐叶土、沙以 4:4:2 的比例混合，也可以使用园土、泥炭土、堆肥土、沙以 4:3:2:1 的比例来混合。配制后应在土壤中加入腐熟的麸饼作为基肥。

小贴士 Tips

马蹄莲在冬季如果提高温度可以提早开花，随着温度降低，花期也会向后移。若是能保持温度在 20℃左右，然后配合水肥、光照、温度等管理可以四季开花不败。

种球采收

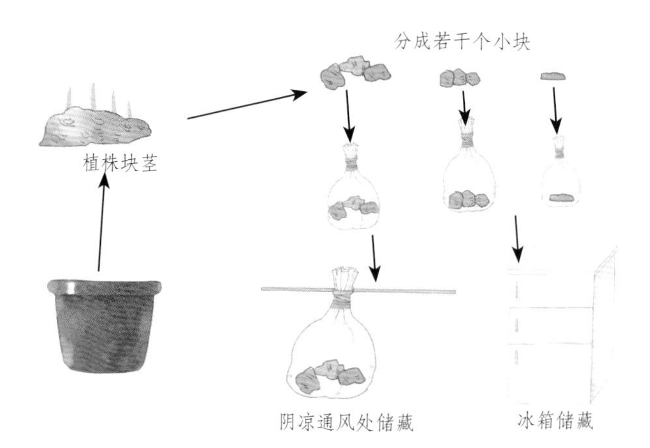

马蹄莲开花过后，或者进入休眠期后，可以将植株的块茎挖出，将老块茎旁边长出的小块茎或新芽剥离下来，晾干后放在阴凉通风处或者冰箱冷藏室储存备用。

繁殖方法

【繁殖内容】

播种　分球

播种繁殖

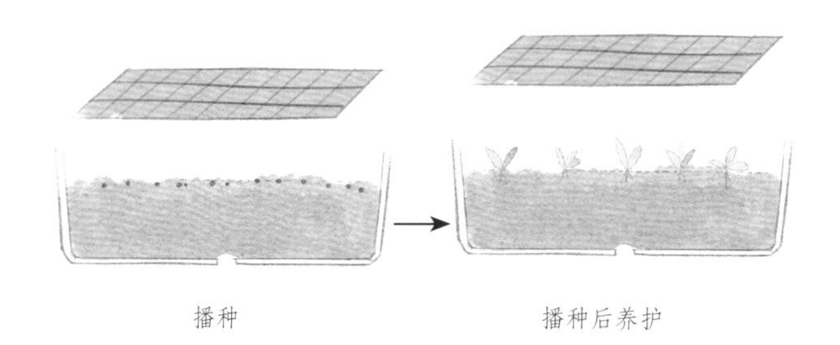

播种繁殖方式对马蹄莲来说用得比较少，一般只适于气候适宜并可以采集到种子的地区，大多数情况下还是用来作育种等生物研究。播种一般随采随播，播种后应处于遮阴状态下养护，直到长出幼苗。

分球繁殖

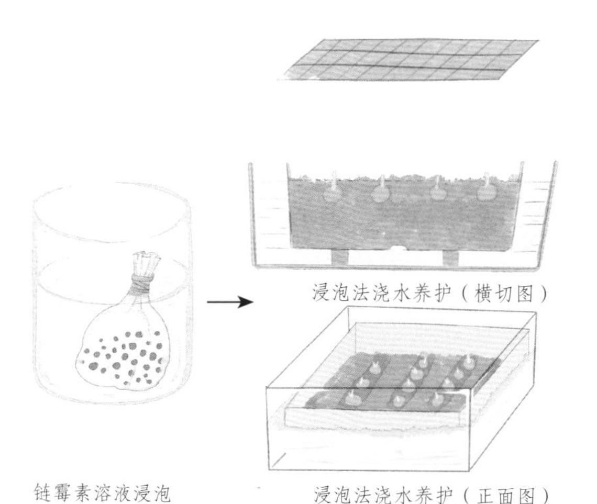

等到春天或者秋天，可以将储存的块茎拿出来种植。种植之前先将块茎浸泡在链霉素溶液里，可有效防止块茎的腐烂。种植后用盆浸法给水，放在阴凉处遮阴，大约 30 天后可以发芽。发芽之后应逐渐增加光照。

大丽花

花期：秋季至冬季　种植难度★★☆☆☆

大丽花为菊科大丽花属多年生草本植物，又名大理花、天竺牡丹、大丽菊等。其头状花序大，花色有白色、红色、紫色，花形卵形。

养护要点

1. 大丽花喜欢阳光充足、温暖凉爽的环境，但是光照强度过强对开花不利。不耐旱，不耐涝，需要注意雨天积水，适合种植在疏松肥沃、排水性良好的砂质土壤。生长适温为 10~25℃。

2. 大丽花主要的病害有白粉病、褐斑病，可以用代森锌液喷洒防治。常见的虫害有螟蛾、红蜘蛛，螟蛾可以用敌百虫原药每月喷洒 1 次。红蜘蛛用氧化乐果乳剂喷洒防治，也可以用家庭肥皂水喷洒预防。

日常养护

【养护内容】

浇水施肥　修剪　种球采收

浇水施肥

大丽花浇水采取见干就浇，浇就浇透的方式给水，花期时应该始终保持盆内土壤湿润。初期施肥应施稀肥，根据植株的成长可以适当增加花肥的浓度。花肥前期以氮肥为主，磷钾肥为辅；孕蕾期以磷钾肥为主，氮肥为辅。

修形修剪

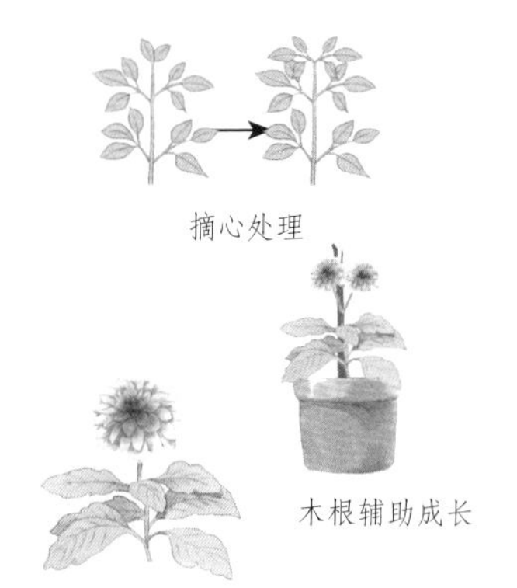

摘心处理

木根辅助成长

花败后及时剪取花朵

种球采收

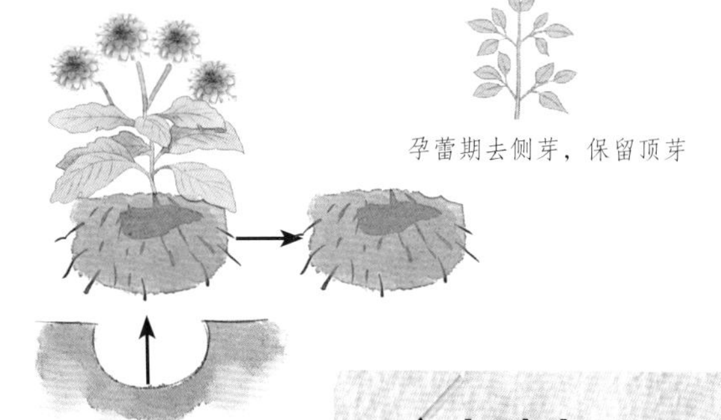

孕蕾期去侧芽，保留顶芽

挖出块茎冷藏

定植成功后可以根据幼苗生长情况进行摘心，摘心次数根据个人希望的植株株形而定。孕蕾期时可以将侧芽去除，这样开出的花朵很大，茎也比较粗壮。及时去除花期过后的残花败蕾，配合水肥有助于促发新枝，持续开花。生长期结束后要及时将块茎挖出，并沙藏越冬，可用于翌年繁殖。

小贴士 Tips

大丽花喜欢阳光充足的环境，在培育幼苗的过程中要避免阳光直射，同时在开花期光照时间在10~12个小时最佳。但光照强度不能太强，否则影响开花。

繁殖方法

【繁殖内容】

播种　扦插　块根

播种繁殖

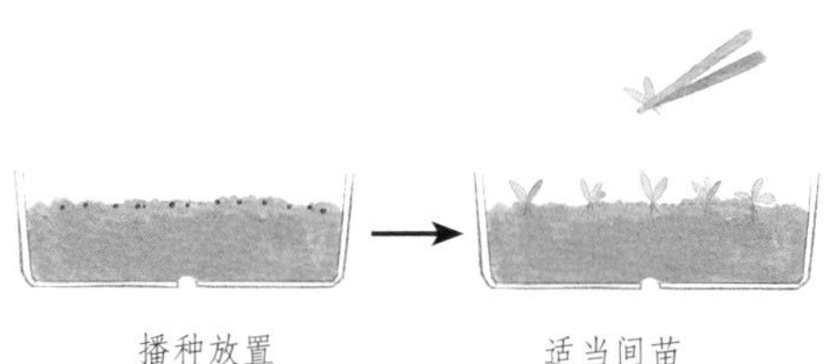

播种放置　　适当间苗

播种繁殖对于大丽花来说用的不是很多，一般用于能结籽的品种，适合现采现播，除夏季外其他季节都可以进行。

扦插繁殖

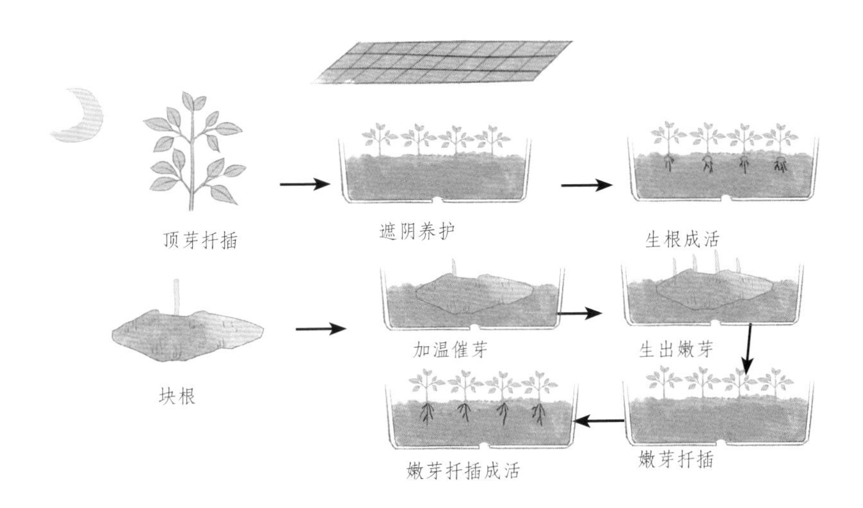

大丽花除夏季以外的其他季节都可以扦插。剪取母株顶芽或者腋芽，扦插到沙床中，浇水后遮阴、保湿，约 20 天生根。也可以将大丽花的块根放入装有湿沙的盆中，然后将花盆放在火炕或者电温床上催芽，生出的嫩芽可用来扦插。

块根繁殖

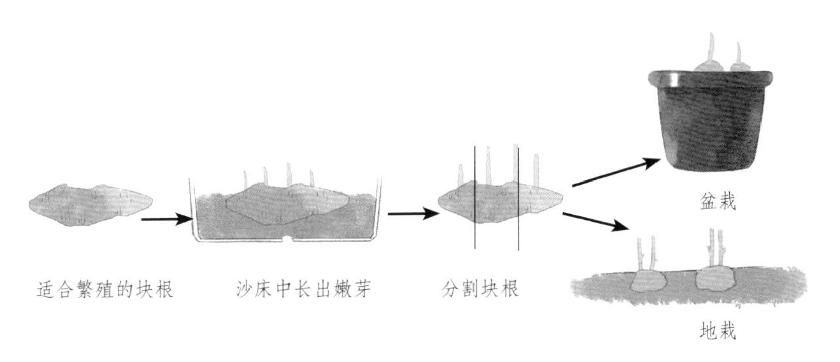

大丽花常用分切块根来繁殖。首先将去年的种块放在沙床中，稍稍浇水后保温保湿。等到种块长芽后，用小刀将种块分成若干份，每份带 1~2 个芽，分别栽在盆中或地里。

小贴士 Tips

播种后长出的幼苗长出真叶后可以移栽到营养杯中假植，等长出 4~5 片真叶之后可以上盆定植或者地栽。分切块根的幼苗在分栽的时候可以定植。扦插苗生根发芽后可以定植。

石竹

花期：夏季　　种植难度★★★☆☆

石竹又名钻叶石竹、三脉石竹等，原产中国东北、华北、长江流域及东南亚地区，石竹的花语为纯洁的爱、才能、大胆、女性美。

养护要点

1. 石竹喜阳、耐寒、耐干旱、忌涝，喜欢排水性良好、肥沃的沙壤土。生长的适宜温度为 10~25℃。

2. 石竹常见的病虫害是锈病和红蜘蛛，锈病可以用萎锈灵可湿性粉剂喷洒，红蜘蛛可以用氧化乐果乳油喷洒。

【养护内容】

浇水施肥　修剪

浇水施肥

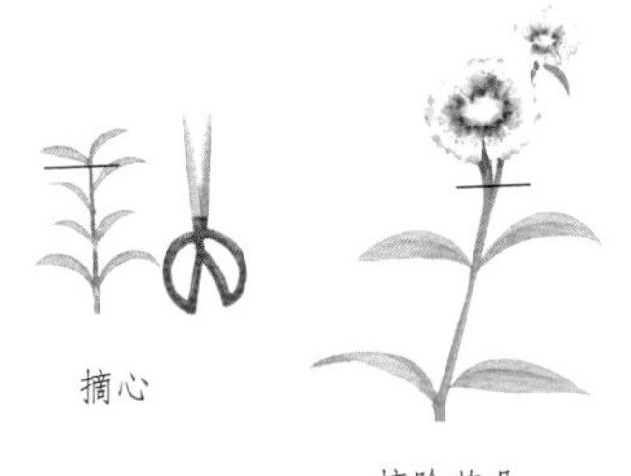

修形修剪

石竹浇水可以按照“见干见湿＂的方式，等到土壤快要干透的时候再浇水，使土壤湿润偏干。生长初期一般不用施肥，进入生长旺期后每半月施 1 次复合肥，花蕾期追施磷钾肥 1~2 次。

石竹植株长到 15 厘米左右可进行摘心，将主枝顶端摘除，促进侧芽生长，并萌发新的侧芽。侧芽长到一定长度后也可以进行摘心，进行 1~2 次后可以使植株枝形丰满，花繁叶茂。及时摘除花期败落的花枝，配合水肥管理，可以延长花期。

繁殖方法

【繁殖内容】

播种　扦插

播种繁殖

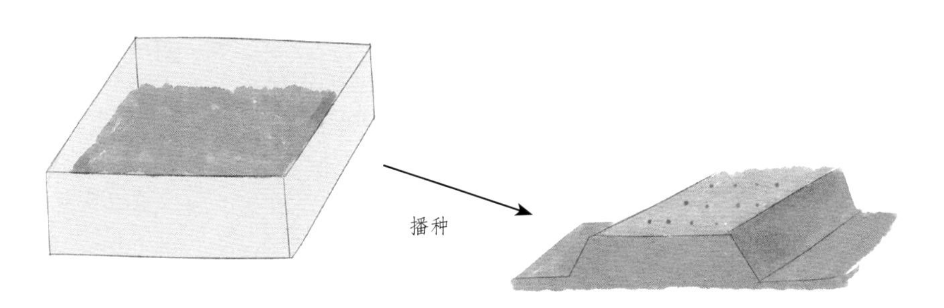

石竹一般在春秋播种，以秋播为主，将种子均匀撒在消毒后的土壤上，稍稍盖上一层细土，然后轻轻施压，浇水保持土壤湿润，盆栽移动花盆到遮阴处，地栽覆盖稻草，温度保持在 20℃左右约 5 天出苗。

小贴士 Tips

石竹对于土壤要求不高，一般的土壤就能生长，但肥沃、疏松、排水性好的沙质土壤或含有石灰质的土壤能让石竹更好地存活。

扦插繁殖

石竹根据南北地区不同，扦插时间、地点也不同。南方四季都可以露地扦插，但以 3~5 月和 9~10 月扦插最为合适。北方扦插需要在温室内才能进行。剪取植株顶端嫩枝，晾干后插入沙床，遮阴保湿，约 20 天生根。

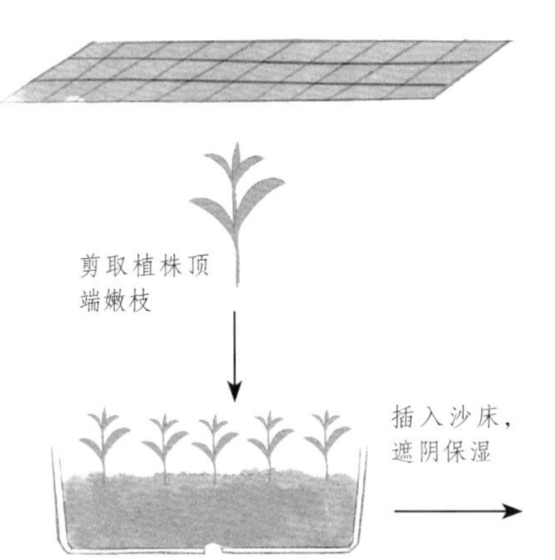

插入沙床，
遮阴保湿

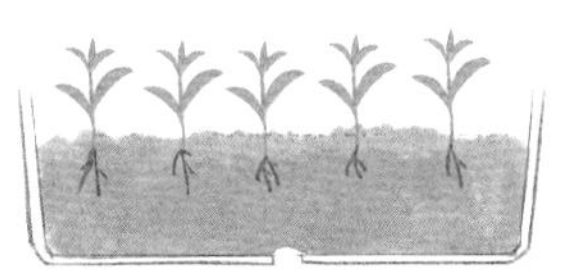

实用操作

【操作内容】

定植

定植

间苗

生根的幼苗

盆栽

地栽

石竹出苗时期不时间苗，除去多余、害病的幼苗、杂草。当幼苗长出 2~3 片叶子后，可以将幼苗假植到营养杯或者沙壤土中，待幼苗长到 5 片以上的叶子时可以定植到花盆中。

百合

花期：夏季　　种植难度★★☆☆☆

百合又名强瞿、番韭、山丹、倒仙、重迈、中庭、摩罗等，为百合科百合属多年生草本植物，原产于中国。

养护要点

1. 百合喜欢阳光充足、气候凉爽，耐半阴，也较耐寒，喜欢肥沃、排水性良好的湿润土壤，不宜暴晒和连作，生长适温为12~25℃。

2. 百合常见的病害有百合花叶病和斑点病。百合花叶病主要由蚜虫和叶蝉引起，所以可以提前用盆乐果乳防治，选种时要对鳞茎进行消毒。发现斑点病时要及时摘除病叶，并用代森锌可湿性粉剂化水喷洒。

日常养护

【养护内容】

浇水施肥　修剪设架　配土

浇水施肥

百合在4~5月开始抽芽，6月或者7月开花，花期可以延续到秋天。初期浇水可以少一点，保持土壤湿润偏干，从抽芽到花期属于生长旺季，需要多浇水使土壤湿润，花期过后可以再减少浇水量，保持土壤湿润偏干。百合对肥料的要求不是很高，可以在春季抽芽生长开始到花期结束酌情施肥，旺长期可以每半个月施1次麸饼水或复合肥，孕蕾期可以追加磷钾肥。

修剪设架

枯黄老叶和病叶及时摘除　架设防护网扶持

平时注意发现枯黄老叶和病叶及时摘除，花期之后剪去残花，减少营养的消耗，有助于鳞茎的生长。百合会长到较高的高度，不加管理容易倒伏，所以要及时架设防护网扶持。

配土方案

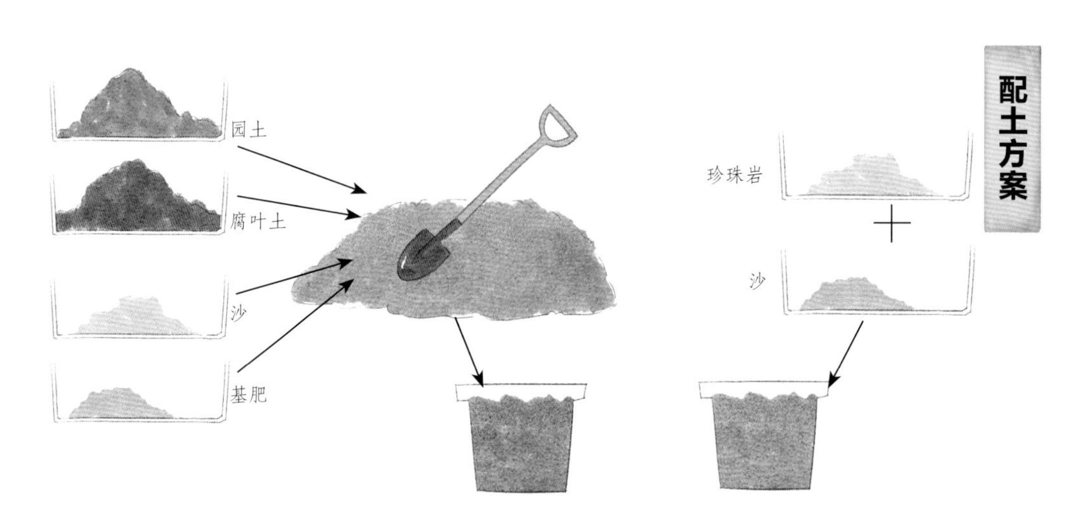

对于百合播种以及盆栽的基质可以选择用园土、腐叶土与沙以4:4:2的比例混合，并加入适量的腐熟的麸饼和少量的骨粉作为基肥。扦插和分小鳞茎所用的基质可以选择用珍珠岩与沙等比例混合。

繁殖方法

【繁殖内容】

播种　扦插　鳞茎

播种繁殖

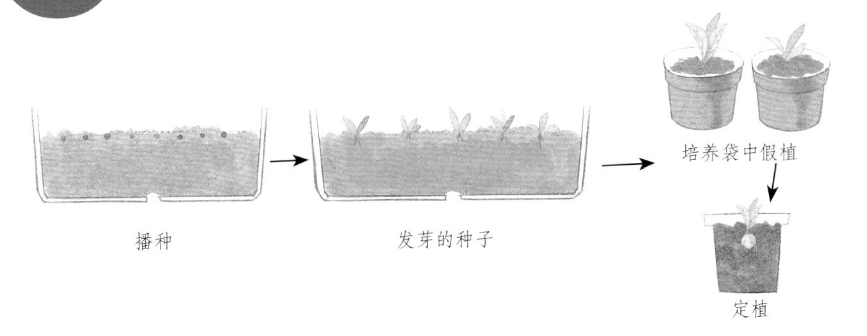

百合花种寿命不是很长，一般采下后便播种，也可以在阴凉通风的地方贮存到第二年播种。将播种的种子放在阴凉处，浇水保湿，约 1 个月左右可以发芽，当发芽的叶子展开后可以移栽到培养袋中假植，当植株长出鳞茎后可以定植。

扦插繁殖

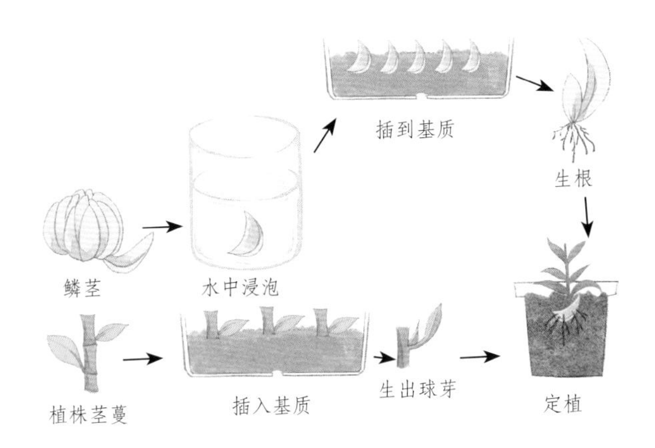

选择发育良好的百合，在开花后挖出，放在阴凉处等鳞茎失去水分之后剥下鳞茎的鳞片，在水中浸泡 0.5 天，再斜插到基质中，充分浇水后放在半阴处培育，待长根后上盆定植。除此之外，还可以剪下植株茎蔓，带 1~2 片叶子，插入基质中，放在阴凉的地方浇足水，等待生出球芽后用水苔包裹上盆定植。

鳞茎繁殖

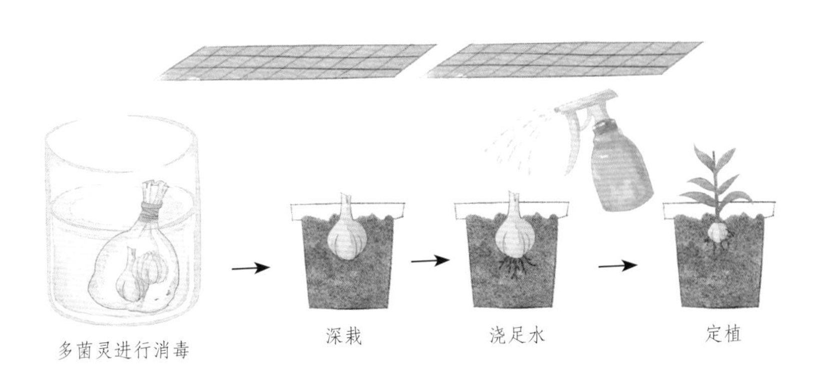

百合每年秋天可以将鳞茎挖出，摘下附生的小鳞茎分栽。种植之前可以先用多菌灵进行消毒，后进行深栽。深栽有利于蘖生新的鳞茎，盖土到小球的高度，浇足水后放在阴凉通风的地方培育。

玉簪

花期：秋季　　种植难度★★★☆☆

玉簪又名白萼、白鹤仙，为百合科多年生宿根草本植物。因其花苞如玉，状似头簪而得名。玉簪是中国著名的传统香花，深受人们的喜爱。

养护要点

1. 玉簪喜欢凉爽的半阴环境，不耐高温，较为耐寒，适合生长在肥沃、疏松、排水性良好的土壤，生长适温为 12~25℃。

2. 玉簪容易发生焦叶、黄叶的现象，主要是因为光照过强，空气太过干燥和水肥不当。所以应适当遮阴喷雾，以降低环境的温度，增加空气的湿度。施肥不要太浓太多。

日常养护

【养护内容】

浇水　施肥　配土

浇水施肥

玉簪浇水见干再浇，一次浇透。夏季秋初气温较高，需要时常浇水，保持土壤常润，并不时喷雾来增加空气湿度，但是要注意阴晴不定的天气，以防积水，导致根系溃烂。秋末到春初控制浇水，保持盆土微润偏干。生长前期可以每月施偏氮的复合肥，孕蕾期喷洒磷钾肥，保持花形。

配土方案

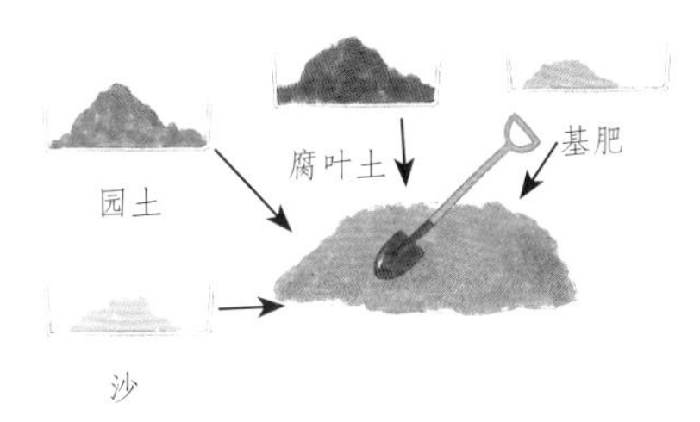

玉簪盆土可以选择用园土、腐叶土和沙子以7:2:1 的比例混合，加入适量的腐熟的麸饼和少量的骨粉作为基肥。

实用操作

【操作内容】

地栽选择　防止叶片变黄

地栽选择

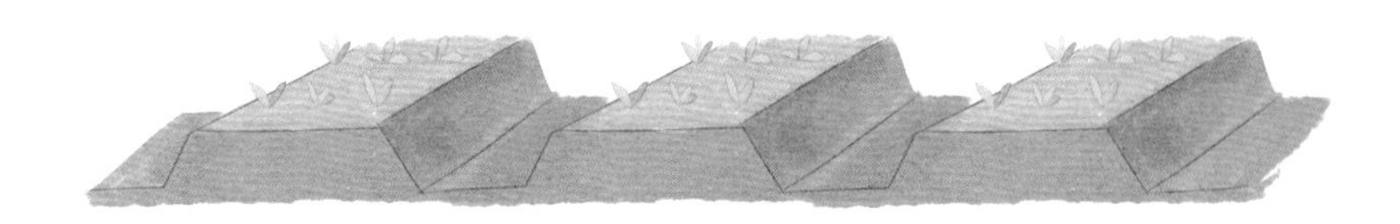

地栽的土壤适合选择肥沃疏松、排水良好的高畦沙壤土，以防止积水，采光要在没有阳光直射的阴面。地栽植物之间的距离在 30~40 厘米。

防止叶片变黄

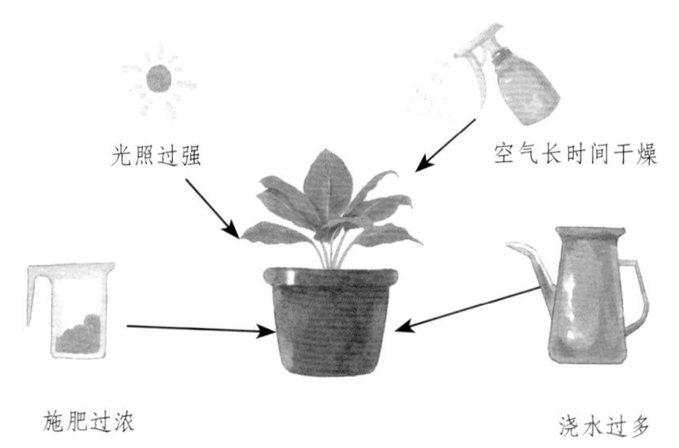

玉簪盆栽植株处理不当容易造成叶片枯黄、变焦。比如光照过强的话容易使植株灼伤，所以强光照射时需要架设遮阴物。施肥过浓、浇水过多容易造成根系腐烂、叶片枯黄，平时肥水都要适当控制。空气长时间干燥也会引起以上一系列的问题，可以通过喷雾来缓解。

繁殖方法

【繁殖内容】

播种　分株

播种繁殖

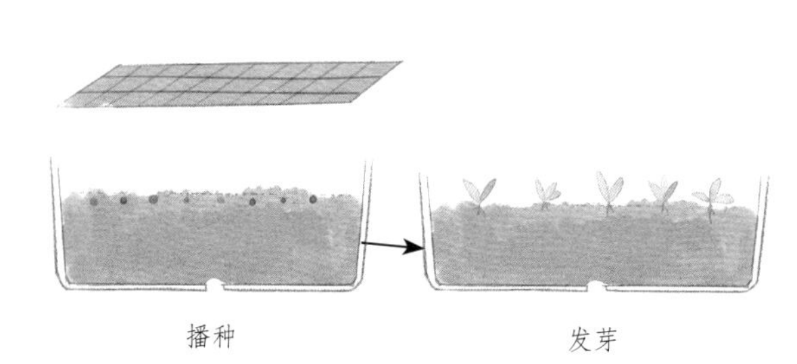

玉簪可以春天从市场买种子播种，也可自己在秋天收集种子，放在干燥的地方储存，等到来年春天播种。播种之后稍稍盖土，浇透水后放置在阴凉的地方，20~30 天发芽。

分株繁殖

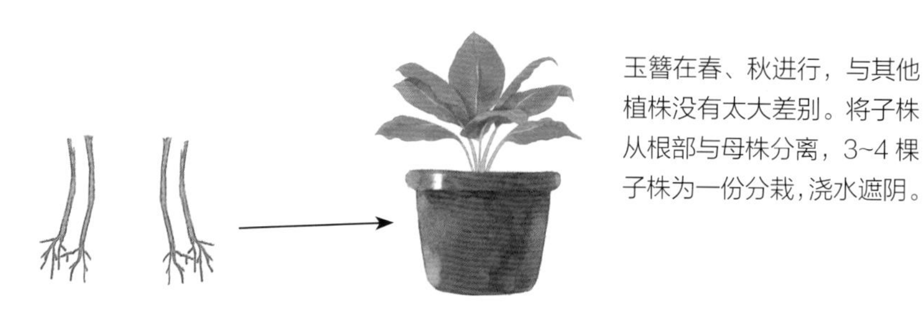

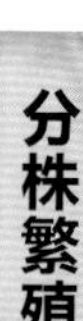

玉簪在春、秋进行，与其他植株没有太大差别。将子株从根部与母株分离，3~4 棵子株为一份分栽，浇水遮阴。

07

仙人掌及多浆花卉的养护

全身长满硬刺的仙人掌和肥厚多汁的多浆花卉都是生活中很常见的植物，他们的养护方法和其他的植物略有不同，下面就一起研究他们的养护方法吧。

令箭荷花

花期：春末夏初　种植难度★★☆☆☆

令箭荷花又名孔雀仙人掌、孔雀兰、荷令箭，为仙人掌科昙花属多年生常青附生类植物，原产中美洲墨西哥。

养护要点

1. 令箭荷花适合在温暖、潮湿的环境中生长，抗旱能力强，但是忌阳光直射，喜排水良好、富含腐殖质、营养物质丰富的土壤中生长，适合控制温度在 20~25℃。

2. 令箭荷花在养护过程中容易发生茎腐病、褐斑病和根结线虫危害，此时应该及时喷施杀虫剂，或者用水冲掉，保证植株发育正常。

日常养护

【养护内容】

浇水施肥　光照　配土　修剪

浇水施肥

令箭荷花适宜在肥料充足、干湿程度均匀的盆土中生长。在花蕾形成期，要勤浇水，保持盆土湿润，增施磷肥，促进开花。 在开花期，要减少浇水量，采取遮阳措施，不施加任何肥料，保证生长环境通风良好。

光照养护

夏季

冬季

令箭荷花喜光，不可置于荫蔽的环境下，在夏季要避免长时间的光照，适时地采取遮阳措施。冬季的生长环境温度应该在 5℃以上，否则植株容易受冻。令箭荷花适宜在温暖潮湿的环境中生长，南方地区可以露地栽培，安全越冬，北方地区需要盆栽来养护，冬季要注意保温，保证植株安全越冬。

配土方案

令箭荷花的盆土以园土、腐叶土、沙按照 3:5:2 的比例充分混合，再加入约为盆土总量的 1/10 的腐熟麸饼或少量骨粉作为基肥。

小贴士 Tips

令箭荷花因为属于阳性植株，所以想要开花茂盛，就必须有充足的光照，如果光照不足就会导致不能开花，因此在开花期提供充足光照，并要有良好的通风环境。

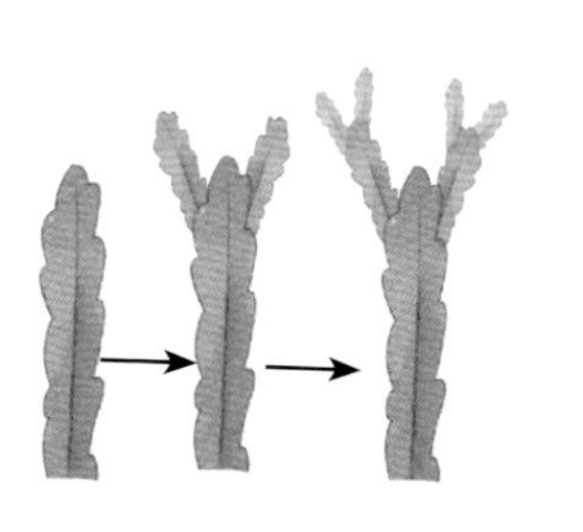

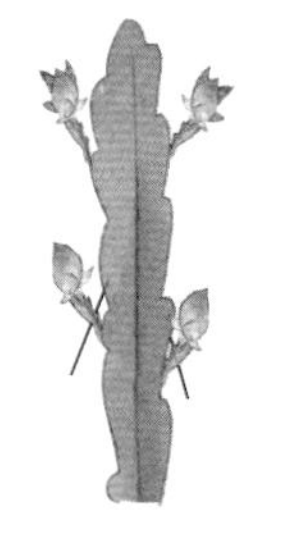

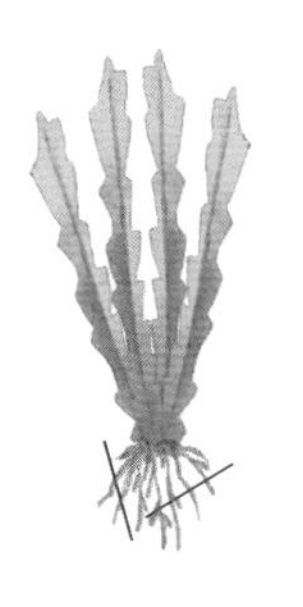

切去顶部生长点，促进新茎抽生　　疏蕾　　修剪根部

当令箭荷花主茎长到 30 厘米高时，切掉顶部生长点，促进侧芽抽生，当侧芽长出后，留 2 个侧芽生长点，再切掉顶部的生长点，促进新芽抽生，以植株有 8~12 个侧枝为最佳；

植株开出花蕾后，要进行疏蕾，每支新茎只留 1~2 个大蕾，其余的花蕾全部去除。

当植株换盆时，要对植株的根系进行修剪，将老根、病根等统统剪除。

繁殖方法

【繁殖内容】

嫁接　扦插

嫁接繁殖

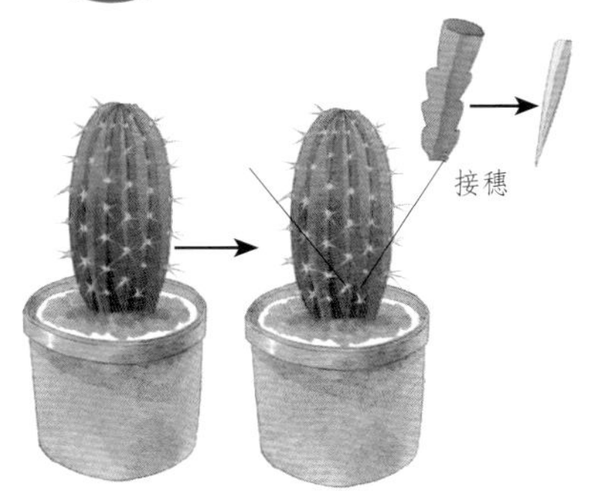

砧木

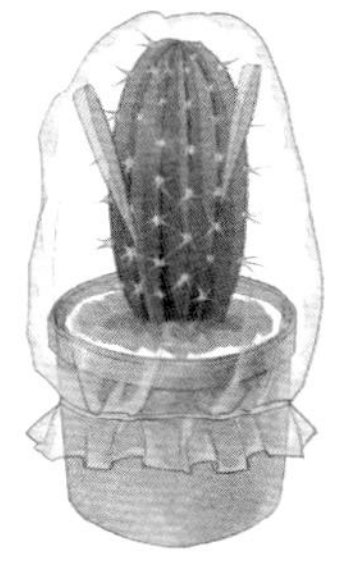

嫁接后罩薄膜保湿

令箭荷花的嫁接繁殖在 25℃的环境下进行，以仙人掌为砧木，在顶部切 2~3 个裂口，将令箭荷花作为接穗，插入仙人掌的裂口内，保证接穗中心削面不外露。用塑料薄膜包起来，在花盆口边缘下方处扎紧塑料袋，在阴凉处养护 10~15 天，根据两者的愈合情况选择是否去掉塑料袋或置于光照下养护。

扦插繁殖

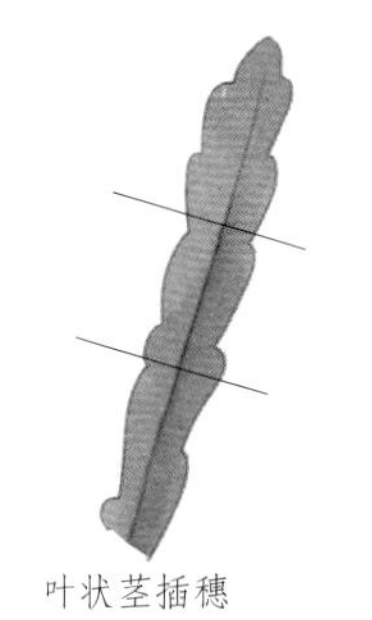

叶状茎插穗

令箭荷花的扦插繁殖在四季均可进行，但春季最佳。将完整的叶状茎作为插穗，剪下后晾晒 2~3 天，将插穗的 1/3 插入基质中，放置在阴凉处，保持湿润，在 10~15℃的环境中，大约 30 天左右即可生根，继续培育至两个月左右可移栽定植。

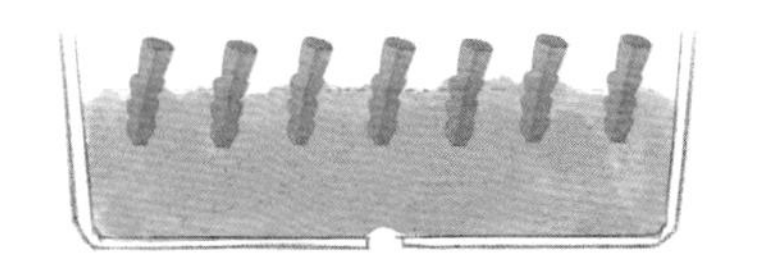

10~15℃

30 天

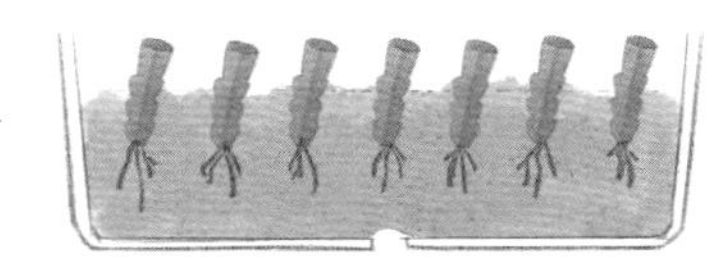

金琥

花期：秋季　　种植难度★☆☆☆☆

金琥又名象牙球、金琥仙人球，为仙人掌科金琥属植物，原产墨西哥中部干燥、炎热的热带沙漠地区。

养护要点

1. 金琥抗逆性强，喜欢在光照充足的环境中生长，夏季应适当遮阴，喜欢肥沃、疏松并含石灰质的沙壤土壤。生长适宜温度为10~25℃。

2. 金琥一般不会遭受病虫花的侵袭，除非在一些时候，由于光照和温度的原因导致金琥的球体上出现一些黄斑，影响金琥的观赏价值，只要平时加强管理，注意光温管理，就可避免。

日常养护

【养护内容】

浇水施肥　光照温度　配土　换盆

浇水施肥

金琥抗旱能力强，在生长期保持土壤湿润，并定期喷雾，保持湿度，春季后有短暂的休眠期，此时需要控制浇水，保持土壤在偏干的状态即可。在金琥的生长旺季施加基肥，其他生长时间不需要施肥。

光照温度

金琥喜光，除了在夏季以及初秋午间光照强度较大时需要遮光外，其他季节应该保证金琥接受足够的光照。金琥不耐寒，冬季时需要移入温室养护，温度应保持在 8℃以上，以 10~18℃为宜。

配土方案

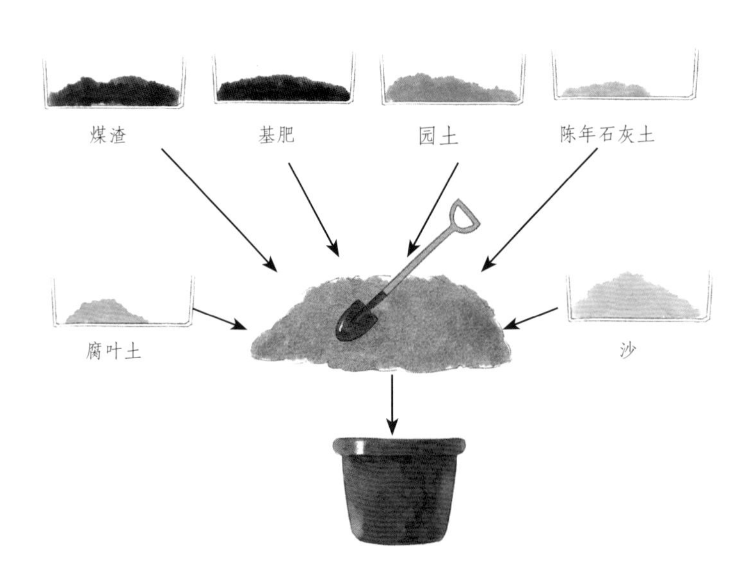

金琥盆土基质一般用煤渣、腐叶土、园土、陈年石灰土、沙以 4:4:3:1:8 的比例混合，加入约为盆土总量的 1/10 的腐熟麸饼或少量骨粉作为基肥。

换盆养护

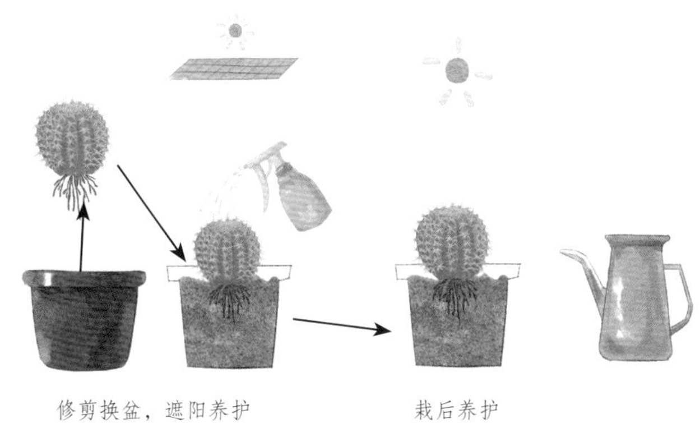
修剪换盆，遮阳养护　　栽后养护

金琥的幼株需要每年换盆 1 次，一般在春季进行，换盆的时候修剪掉坏根老根，并添加消毒杀菌的新土，防止病虫害的滋生，换盆后需要置于阴凉处养护半个月左右的时间再移至阳光处，栽后要保证土壤湿度，并喷雾保持空气的湿度，促进植株的生长。

繁殖方法

【繁殖内容】

扦插　嫁接

扦插繁殖

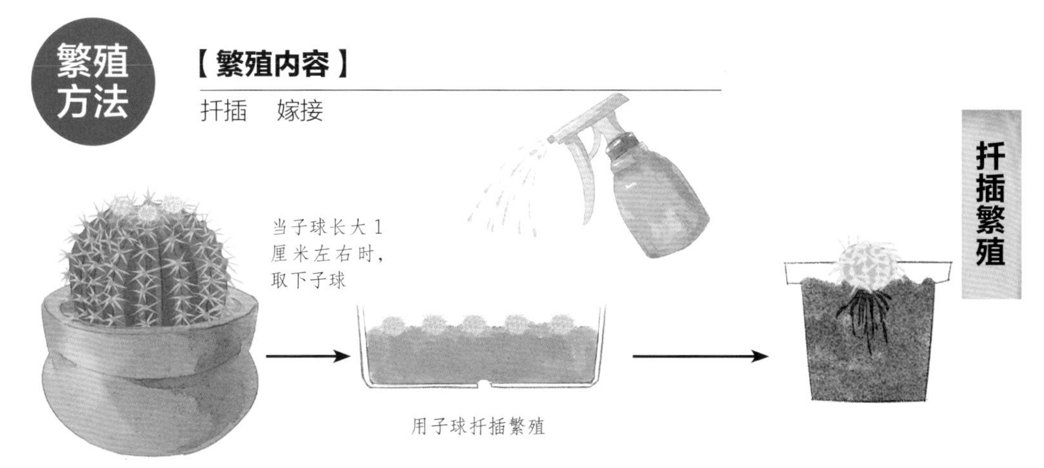

用子球扦插繁殖

金琥在其生长过程中均可进行扦插繁殖，切取母株的生长点，促进生长产生子球，当子球长大 1 厘米左右时，取下子球，待切口收缩后插入沙床中，喷雾保湿，促进生根。

嫁接繁殖

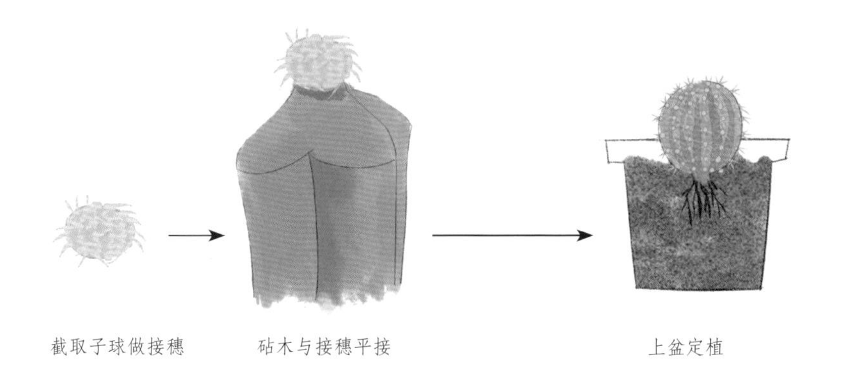
截取子球做接穗　　砧木与接穗平接　　上盆定植

金琥的嫁接繁殖一般在春节进行，取量 1 年生末节作为砧木，将金琥直径大约 1 厘米子球作为接穗，采用平接的办法，嫁接后不时喷雾保持土壤湿度和周围空气的湿度。金琥的嫁接苗生长速度快，长到一定大小的时候，截取上面的部分，插入湿沙中，继续栽植养护。

蟹爪兰

花期：秋季至翌年春季 种植难度★★★☆☆

蟹爪兰为仙人掌科蟹爪兰属植物，又名圣诞仙人掌、蟹爪莲和仙指花。蟹爪兰节茎常因过长，而呈悬垂状，其节径连接形状如螃蟹的副爪，故名蟹爪兰。

养护要点

1. 蟹爪兰喜欢在凉爽、温暖的环境中生长，抗旱能力强，但是夏季要适当的遮阴，有一定的耐阴能力。生长适温为 20~25℃，喜欢疏松、富含有机质、排水透气良好的基质土壤。

2. 蟹爪兰容易遭病虫害，主要的病害有炭疽病、腐烂病和叶枯病等。主要的防治方法是在播种前对种子和土壤进行消毒，若播种后仍发现病株应该立即拔掉，也可用多菌灵可湿性粉剂喷洒。虫害主要介壳虫和蚜虫，可用氧化乐果乳喷洒，也可人工刷除。

日常养护

【养护内容】

浇水施肥　光照温度　配土　花期控制

浇水施肥

对于蟹爪兰来说，浇水不宜太多，可以适当地喷雾，保持土壤和周围的空气湿度即可。在蟹爪兰的生长期前期以补充氮肥为主，大概 1~2 次 / 月，中期时以复合肥为主，孕蕾期追加磷钾肥。

光照温度

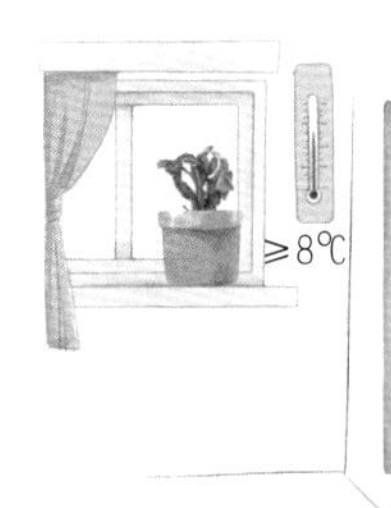

夏季遮阳　春夏秋保证光照充足　冬季保温

夏季时，要将盆栽的蟹爪兰移到通风阴凉处进行遮阴，春秋冬季给予充足光照。秋末冬季气温下降，要注意对植株的保温，将植株移入温室，保持室温在 8℃以上，但植株需要向阳放置。

配土方案

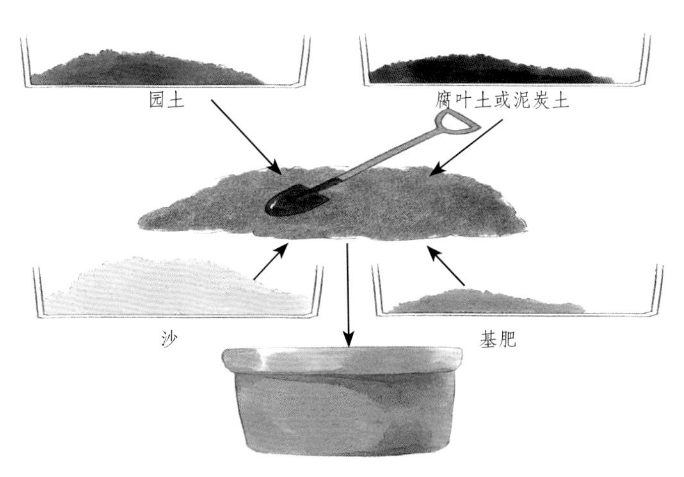

蟹爪兰盆土一般用园土、腐叶土或泥炭土、沙以 3:2:5 的比例混合，加入约为盆土总量的 1/10 的腐熟麸饼或禽畜干粪作为基肥。

花期控制

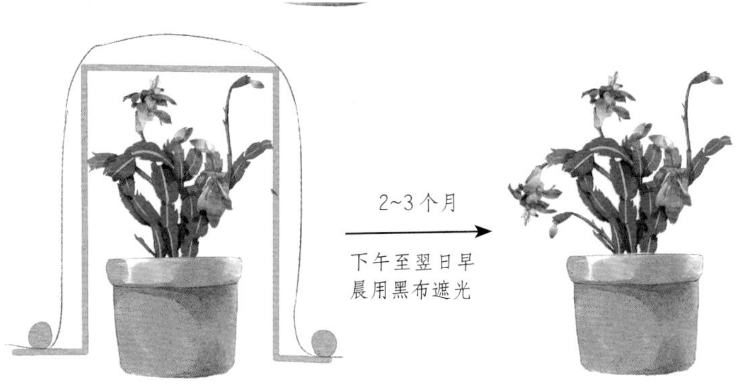

蟹爪兰为阴性植物，不可长时间光照，因此可以通过改变光照来控制蟹爪兰的花期，在 7 月份白天用黑布遮光，同时控制温度，可使其在国庆节前开花。

繁殖方法

【繁殖内容】

扦插　嫁接

扦插繁殖

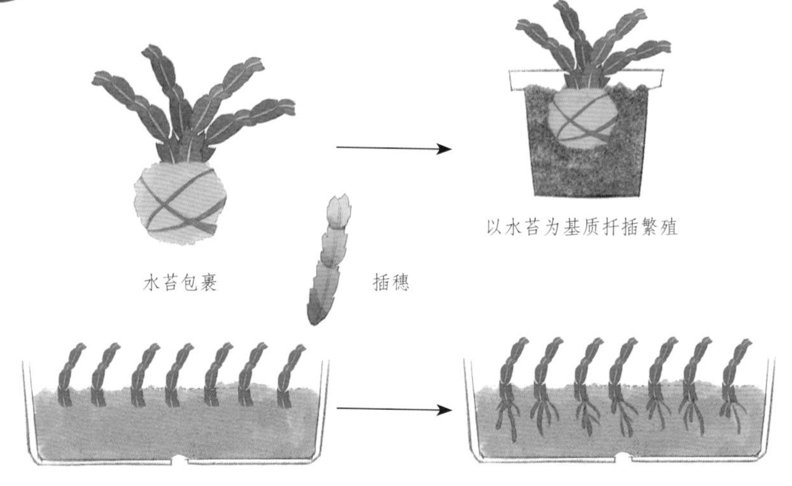

蟹爪兰的扦插繁殖在一年四季均可进行，一般在春秋季最为合适。截取蟹爪兰比较健壮的茎枝，作为插穗，待切口风干，插入温床中，留出大约 1 节的长度，放置在阴凉处。也可用水苔包被，在盆内栽植，保证栽植的土壤湿润，大约 10~30 天生根。

嫁接繁殖

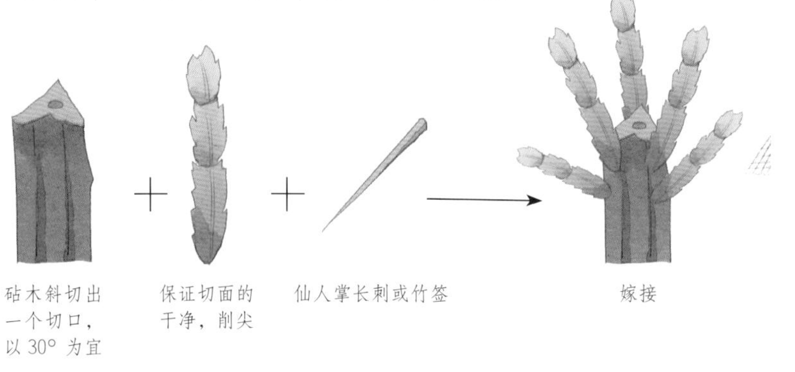

白蜡

毛笔

同扦插繁殖一样，蟹爪兰的嫁接繁殖在一年四季均可，但以秋季最佳。将量天尺作为砧木，截取含有 2~4 个茎节的健壮蟹爪兰作为接穗，将接穗和砧木嫁接以后，用仙人掌或竹签固定，用毛笔蘸取热蜡固定接口，在阴凉处养护。

花期：春秋两季　种植难度★☆☆☆☆

条纹十二卷又名锦鸡尾、条纹蛇尾兰，为百合科十二卷属多年生肉质草本植物，原产于非洲，具有较好的观赏价值。

养护要点

1. 条纹十二卷是中性植株，喜欢在温暖干燥的环境中生长，抗旱能力强，适宜在半阴或充足而柔和的阳光下生长，喜欢肥沃疏松、排水良好的土壤。生长适温为20~30℃。

2. 条纹十二卷在高温多湿的条件下容易发生根腐病和褐斑病，根腐病可以用高锰酸钾溶液进行消毒，褐斑病需要喷施代森锌、多菌灵等药物进行防治。常见的虫害有粉虱和介壳虫等，可以用吡虫啉、杀扑灵喷洒防治。

【养护内容】

浇水施肥　光照温度　配土　修剪换盆

浇水施肥

条纹十二卷耐干旱，在生长期时可以适当多浇一点水，保持盆土湿润，花期后可减少浇水量，使土壤处在偏干状态。生长初期每 2 个月施肥 1 次，旺期可以施麸饼水或复合肥，孕蕾期可以多施磷钾肥。

光照温度

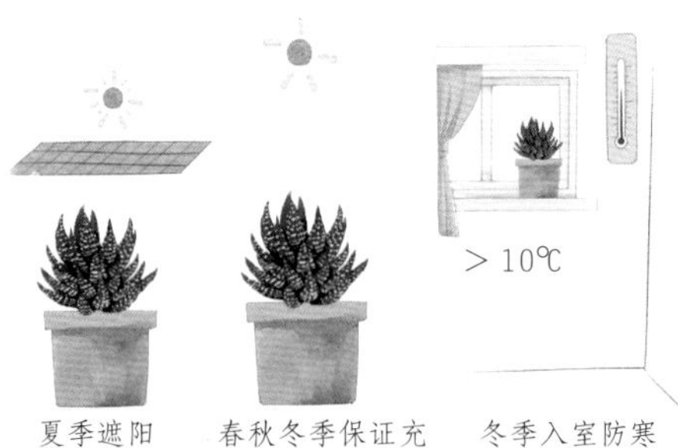

夏季遮阳　春秋冬季保证充足光照　冬季入室防寒

条纹十二卷喜欢阳光充足的环境，但夏季高温时需要遮挡阳光，忌烈日直射，加强通风，并时常喷雾，降低周围环境温度，其他季节给予充足光照。条纹十二卷的耐寒能力弱，冬季要移入温室，温室温度保持在 10℃为宜。

配土方案

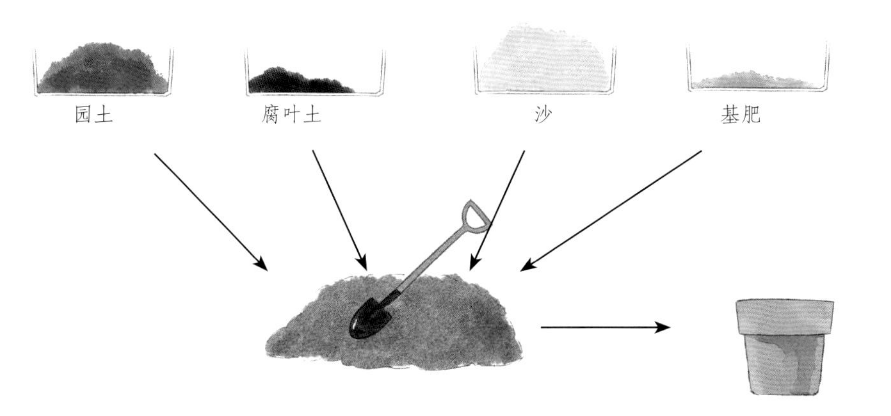

条纹十二卷盆土一般用园土、腐叶土、沙以 4:1:5 的比例混合，加入约为盆土总量的 1/20 的腐熟麸饼及少量骨粉作为基肥。

小贴士 Tips

因为条纹十二卷原产于非洲南部干旱地区，所以在我国培育时，要提供较干燥的气候环境。如遇到长时间的阴雨天气或在梅雨季节，容易受到病菌侵害，所以在这些特殊时期最好放在温室中或放在室内较温暖的地方养护。

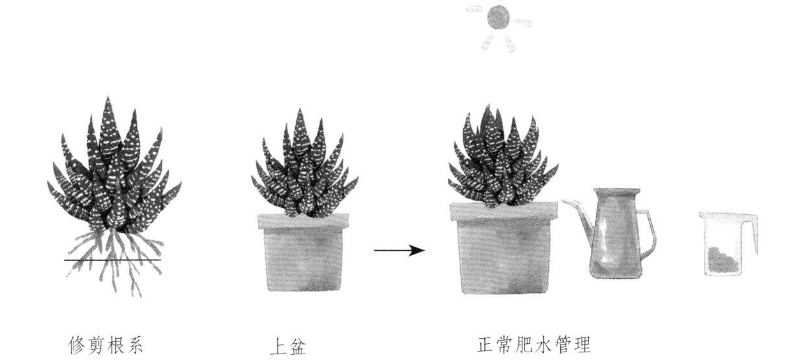

修剪换盆

条纹十二卷在生长过程中一般不需要修剪，一般每年换盆 1 次，结合换盆进行修剪，换土翻盆时可以对植株的老根病根进行修剪。如发现有枯萎的叶片也可以直接用手掰掉。换盆以后要将植株放置在半阴处，待植株生长一段时间后，进行正常肥水管理即可。

繁殖方法

【繁殖内容】

扦插　分株

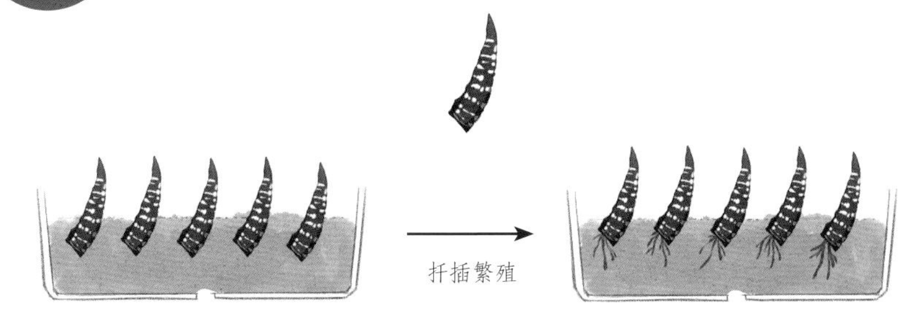

扦插繁殖

条纹十二卷可扦插繁殖，扦插方式可以直接将肉质叶片插入沙床之中，留出 1/3 的叶片，适当浇水，大约 1 个月的时间即可生根。

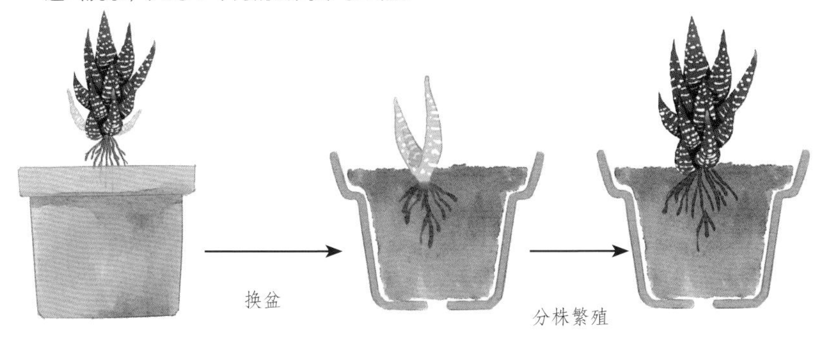

分株繁殖

条纹十二卷可以通过分株方式繁殖，春季时结合换盆进行，将植株基部萌生的新枝连根切开后带根栽种到其他新盆中。栽植以后要注意遮阳，等植株成活后移至阳光充足处养护。

沙漠玫瑰

花期：夏季到冬季　种植难度★★★☆☆

沙漠玫瑰又名天宝花。其花冠呈漏斗状，外面有短柔毛，伞形花序，花朵三五成丛，灿烂似锦，花边缘红色至粉红色，中间色浅。原产东非至阿拉伯半岛南部。

养护要点

1. 沙漠玫瑰喜欢光照、温暖、通风的环境，忌涝，抗逆性强，耐高温，耐寒，耐旱。生长适温为 25~30℃。喜肥沃、疏松、排水性好的微酸性沙壤土。

2. 沙漠玫瑰适应力强，一般少有病虫害，偶尔可见的有叶斑病，对于叶斑病，可以用多菌灵可湿性粉剂喷洒。虫害主要是介壳虫、卷心虫，常常检查，人工捕捉消灭就可以了，也可用药剂杀除。

日常养护

【养护内容】

浇水施肥　光照温度

浇水施肥

沙漠玫瑰定植后要及时浇水，生长期每天应该浇 1 次水，特别是炎热的夏季，并且还要喷雾，地栽的植株雨后要及时排水。生长初期一般不用施肥，进入生长旺期后每年保证施肥 2~3 次，花蕾期追施磷钾肥。

光照温度

沙漠玫瑰夏天高温时要适当地增加浇水量，白天可以向周围空气喷雾，雨天的时候要及时将植株移到淋不到雨的地方。冬天将植株移到温室向阳的地方，室内温度保持在 10℃左右就可以安全越冬了。

繁殖方法

【繁殖内容】

扦插　嫁接　压条

扦插繁殖

挑选合适的土壤给植株扦插

沙漠玫瑰的扦插繁殖宜在夏季进行，截取 10 厘米 1~2 年生顶端枝条作为插条，伤口晾干后插入沙床等待生根。

嫁接繁殖

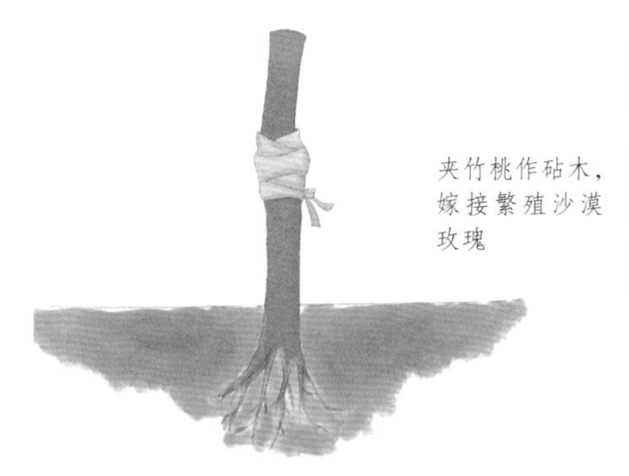
夹竹桃作砧木，嫁接繁殖沙漠玫瑰

沙漠玫瑰的繁殖还可以选择嫁接法，宜在夏季进行，可以选择夹竹桃作为砧木，采用劈接法（即在砧木上劈开一个口，在嫁接条底部也削成与砧木相对接的楔形，再用纱布绑扎即可）嫁接。

压条繁殖

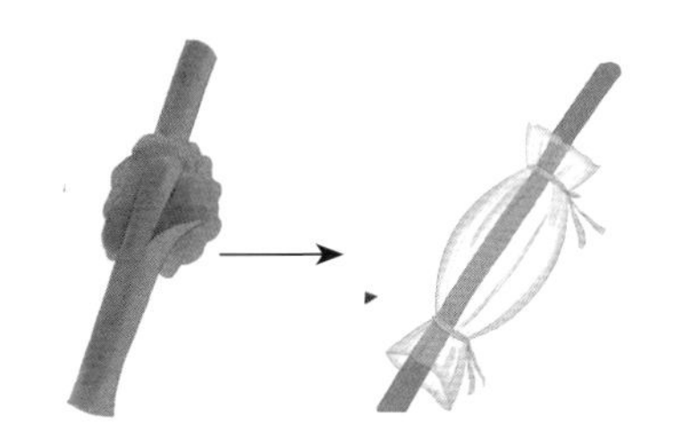
在切口上加水苔　塑料薄膜袋绑扎

沙漠玫瑰还可以在夏季进行高空压条繁殖，选择健壮枝条，在离顶部约 25 厘米处切一道舌状切口，内外裹上湿水苔，再用塑料薄膜包扎，25~30 天可生根，在一个半月后即可剪下移栽入盆中繁殖。

石莲花

花期：夏季　　种植难度★☆☆☆☆

石莲花是石莲花属植物的总称，属于多浆植物。植株呈莲座状，叶片匙形，叶色绿色，能开小红花。

养护要点

1. 石莲花喜欢温暖、干燥和通风良好的环境，适合在富含腐殖质的沙壤土中生长。石莲花抗逆性强，也能适应贫瘠的土壤，抗旱能力强，生长适温 20~35℃。

2. 石莲花经常发生的病害有锈病、叶斑病，可用百菌清可湿性粉剂喷洒防治。常见的虫害有根结线虫，蚧壳虫及黑象甲，防治这类虫害要注意植株生长环境的通风良好，可以用氧化乐果乳油喷洒防治。

日常养护

【养护内容】

浇水施肥　光照温度　配土　修剪换盆

浇水施肥

石莲花抗旱能力强，叶片可以储存大量水分，因此可以适量浇水，不可过度，夏季每天浇 1~2 次，并适当喷雾，其他季节减少浇水量，秋末植株休眠以后可以停止浇水。在石莲花的生长初期可以每 1~2 个月施肥 1 次，生长旺期时每月施 1 次复合肥，休眠以后停止施肥。

光照温度

夏季遮阳　其他季节给予充足光照　冬季保温

石莲花喜光照充足，除了夏季高温、育苗期以及移栽后的缓苗期需要适当的遮阴外，其余时间应该给予充足的阳光照射。石莲花耐阴但是不耐低温，冬天时应该移入温室，并保持温度在 10℃以上，安全越冬。

配土方案

石莲花盆土一般用园土、腐叶土、沙以 3:2:5 的比例混合，加入约为盆土总量的 1/20 的腐熟麸饼或少量骨粉作为基肥。

小贴士 Tips

石莲花中有很多我们熟悉的品种，如玉蝶、特玉莲、吉娃莲等，很多都是通过杂交而来，但是他们的养护知识大概一致，所以在养护不同品种的石莲花时可以用同一方法。

修剪换盆

幼株每年换盆

成株根系长出盆底，则需换盆

石莲花的幼株需要每年进行换盆操作，一般在春季进行，换盆的时候及时修剪掉病根老根，保证植株健康生长，并添加消毒杀菌的新土，防止病虫害的滋生，换盆后需要置于阴凉处养护半个月左右的时间再移至阳光处。石莲花的成年植株一般无需换盆，当植株的根系长出盆底时再进行换盆操作。

繁殖方法

【繁殖内容】

扦插　分株

扦插繁殖

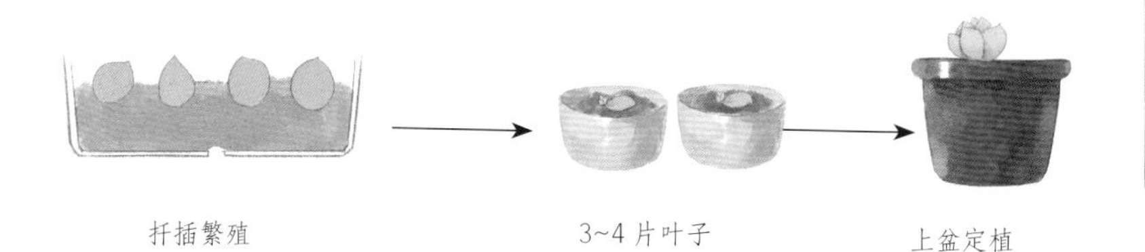

扦插繁殖　　3~4 片叶子　　上盆定植

石莲花的扦插繁殖是直接将叶片插入沙床之中，留出 1/2 的叶片，适当浇水，并喷雾保持湿度，大约 1 个月左右的时间即可生根，待幼苗长出 3~4 片叶子的时候即可上盆栽植。

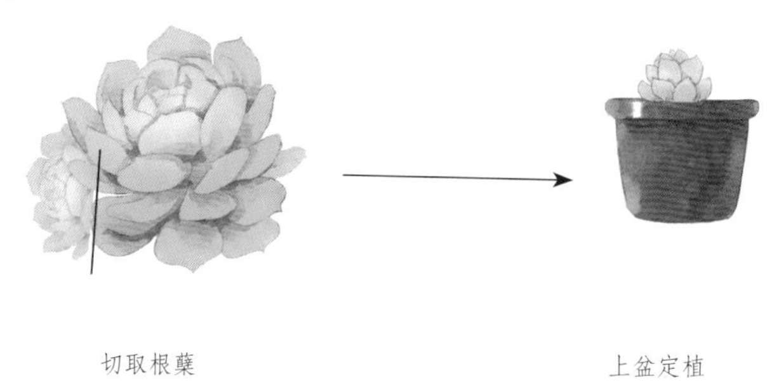

切取根蘖　　上盆定植

石莲花分株繁殖一般选择在春季结合换盆操作进行，切取根蘖，上盆定植，浇水保持土壤湿润，一般 30 天左右即可生根。

虎尾兰

花期：无花期　　种植难度★☆☆☆☆

虎尾兰又名虎皮兰、千岁兰，是百合科虎尾兰属的多年生草本植物，原产于非洲西部和亚洲南部，观赏价值高，对环境的适应能力强。

养护要点

1. 虎尾兰喜欢阳光充足、温暖湿度大的环境，不耐旱、不耐寒、不耐涝，需要注意雨天积水，适合种植在疏松肥沃、排水性良好的沙质土壤。生长适温为20~30℃。

2. 虎尾兰主要的病害有镰孢斑点病、炭疽病，可以用代森锌液喷洒防治。常见的虫害有细菌性软腐病、矢尖蚧，可以用氧化乐果乳剂喷洒防治，也可以用家庭肥皂水喷洒预防。

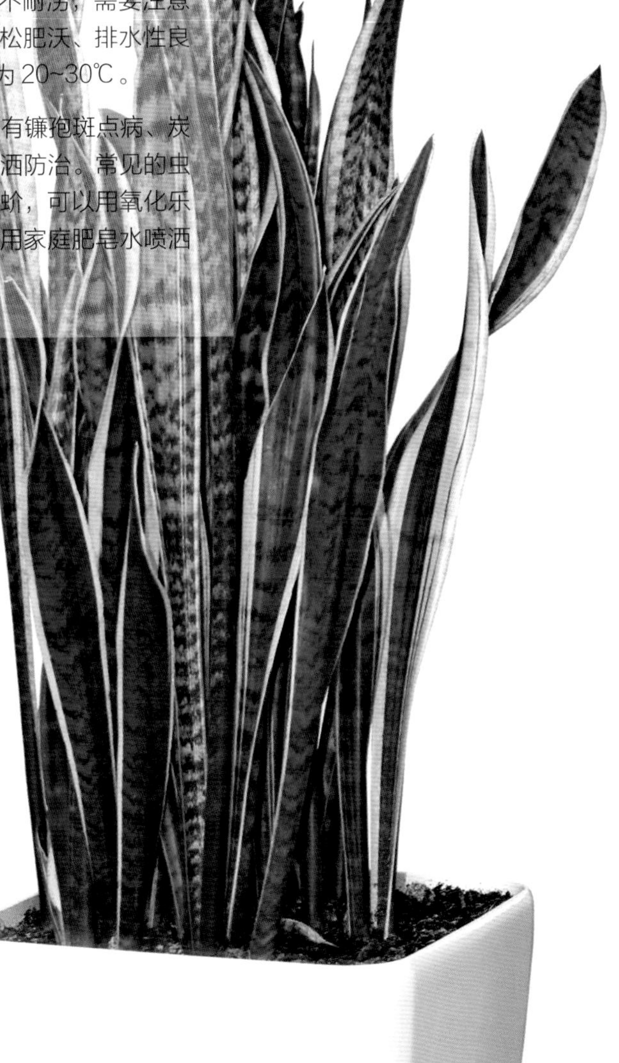

日常养护

【养护内容】

浇水施肥　光照温度　配土　修剪换盆

虎尾兰以“宁干勿湿”的原则适度浇水。春季根茎萌发时可以适当地增加一点浇水量。雨季遮雨防止盆内积水造成烂根。生长期每 10~15 天施 1 次稀薄的麸饼水可使植株生长更好。

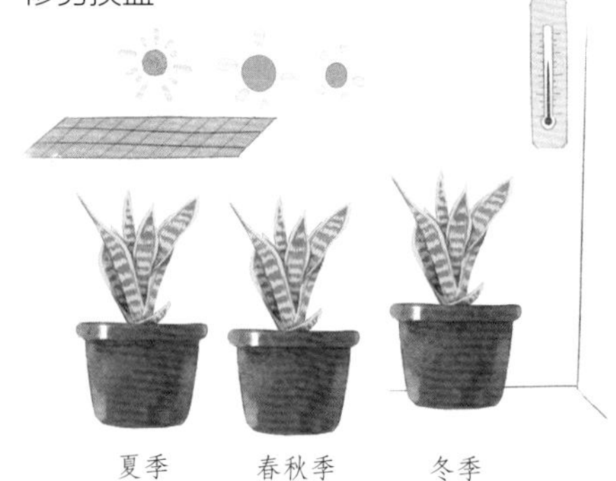

夏季阳光强烈，要适当地遮挡阳光，避免日光直射导致叶片焦黄。春秋季可以将植株放在散光处接受柔和的光照。秋末气温变冷时要将植株移入室内，并且放置在向阳的窗前，保持温度在 5℃以上。

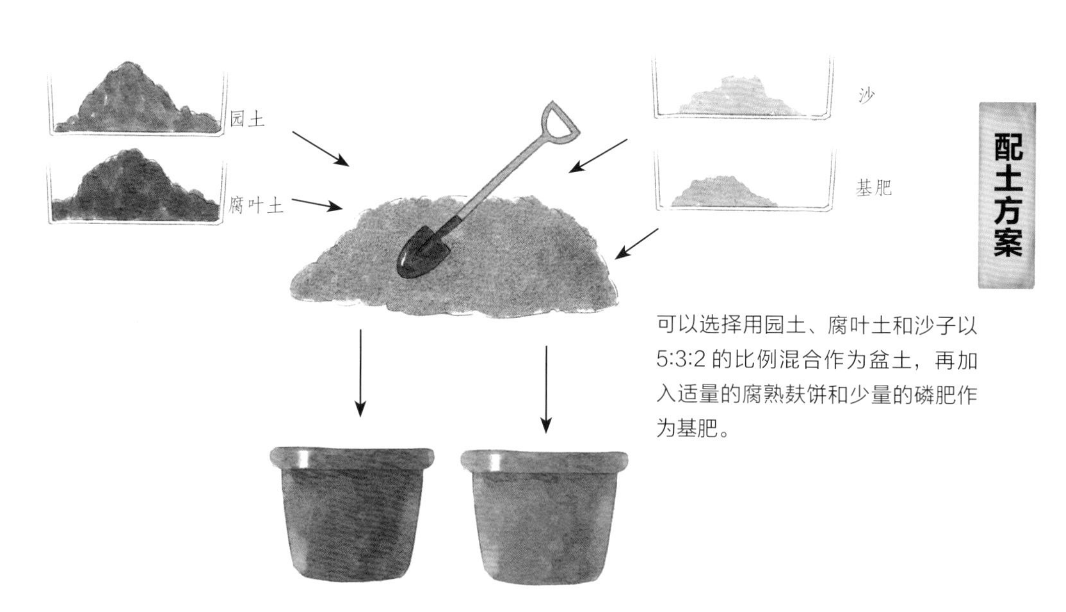

可以选择用园土、腐叶土和沙子以 5:3:2 的比例混合作为盆土，再加入适量的腐熟麸饼和少量的磷肥作为基肥。

小贴士 Tips

虎尾兰对环境的适应能力强。特别适合布置装饰大厅、办公场所，可供观赏时间较长。
虎尾兰具有清除二氧化硫、一氧化碳等有害物质的功能。

修剪换盆

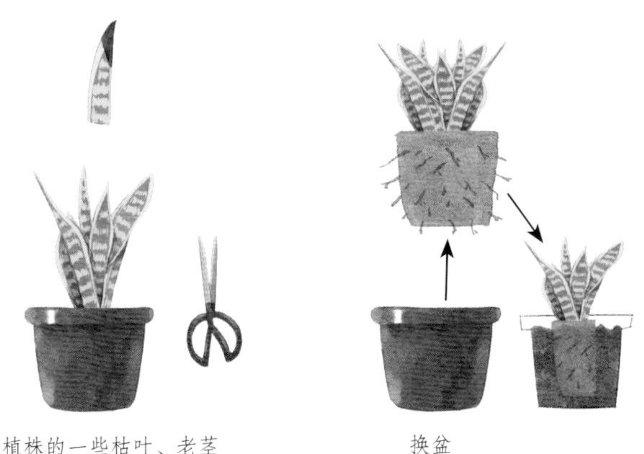

剪去植株的一些枯叶、老茎　　　换盆

平时可以检查并剪去植株的一些枯叶、老茎，植株生长过于浓密时也要适当地修剪，保持植株良好的通透性。每 2~3 年可以进行 1 次换盆，顺便修理受损或过长的老根，也可以趁时进行分株的繁殖。新盆土中宜添加些许毒土，有助于预防病虫的侵害。

繁殖方法

【繁殖内容】

扦插　分株

扦插繁殖

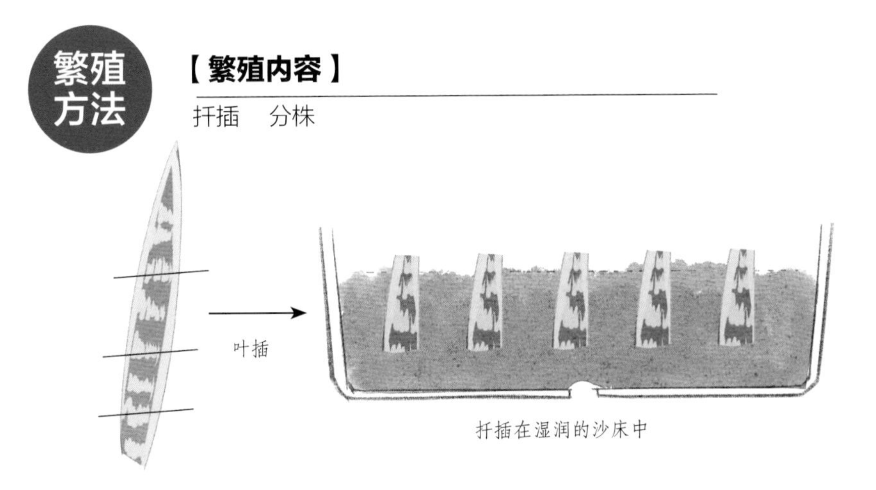

扦插在湿润的沙床中

扦插繁殖适合在春夏两季进行。可将成熟的叶片每 3~5 厘米剪成一段，放在室内晾干后扦插在湿润的沙床中。扦插时叶片不能倒插，所以在剪去叶片时就要做好标记。扦插后约 30 天可以生根，长出 3 片叶子时可以将植株上盆定植。

分株繁殖

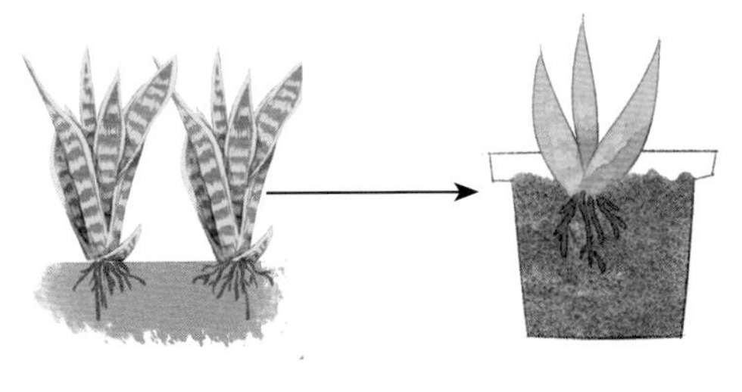

母株　　　上盆

一般在春季换盆时进行，将脱盆后母株的根茎扒开，以 4~5 片叶为一丛从根部剪断，种植在盆中。

新玉缀

花期：无花期　　种植难度★★★☆☆

新玉缀属于多肉植物，区别其他植株的扁平叶片，新玉缀的叶片为一粒一粒的互相交织在一起，紧挨着，叶片包被着一层白色粉，具有很好的观赏价值。

养护要点

新玉缀喜欢阳光充足的环境，不耐阴，喜欢排水、通风良好的土壤，生长适温为20~35℃。

日常养护

【养护内容】

浇水施肥　配土　光照温度　修剪换盆

新玉缀耐旱，不可浇水过多，这样才有利于新玉缀的生长，生长期内见干浇水，白天不时喷雾，保持空气湿度即可。冬季气温下降，需减少浇水，保持土壤稍干，安全越冬。生长旺季可每月施薄肥，花期前追施磷钾肥。

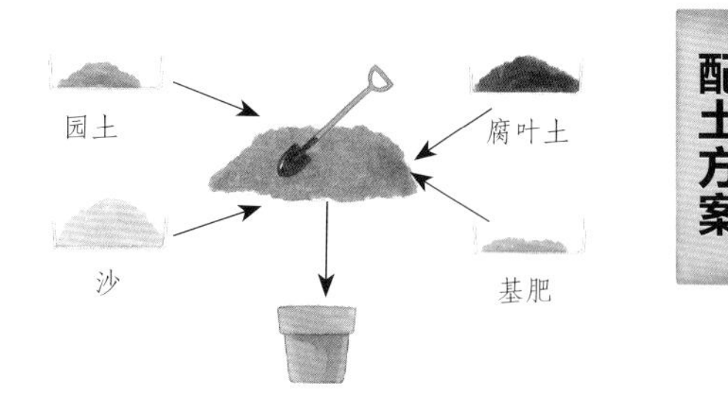

新玉缀盆土一般用园土 + 腐叶土 + 沙以 2:3:5 的比例混合，加入约为盆土总量的 1/10 的麸饼和磷肥作为基肥。

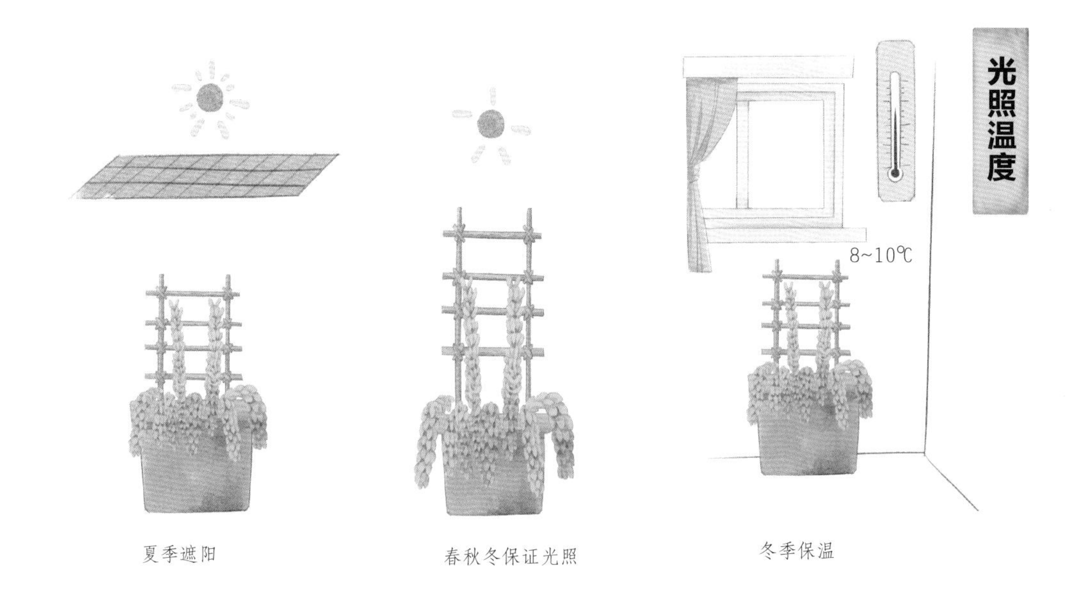

新玉缀虽然耐旱，但是不可强光直射。在夏季避免强光直射，其他季节可以给予足够的光照。全年温度保持在 20~30℃以上有助于植株的生长，冬季移至室内，最好维持在 10℃以上。当周围环境特别干燥时，需要不时地向空气喷水来保持湿度。

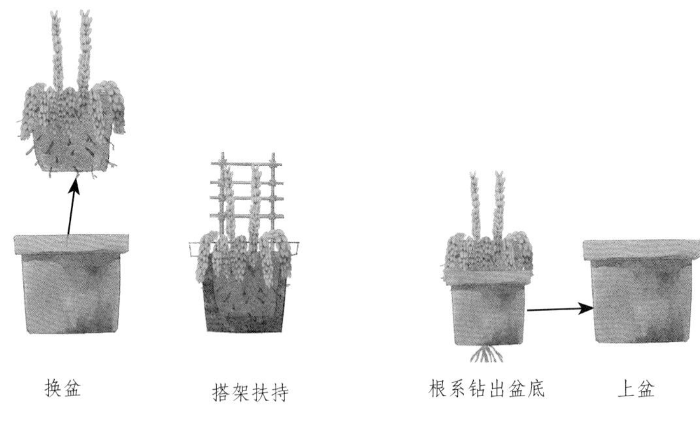

修剪换盆

换盆　　搭架扶持　　根系钻出盆底　　上盆

新玉缀一般两年换盆 1 次，当植株长势过旺，根系钻出盆底，也应及时换盆，并搭架引导植株的正常良好生长。

繁殖方法

【繁殖内容】

扦插　分株

扦插繁殖

新玉缀可以通过扦插繁殖，截取长度在 6~7 厘米即可，将扦插条插入沙床中，也可以将密生的新玉缀小叶片直接插到沙床中繁殖。

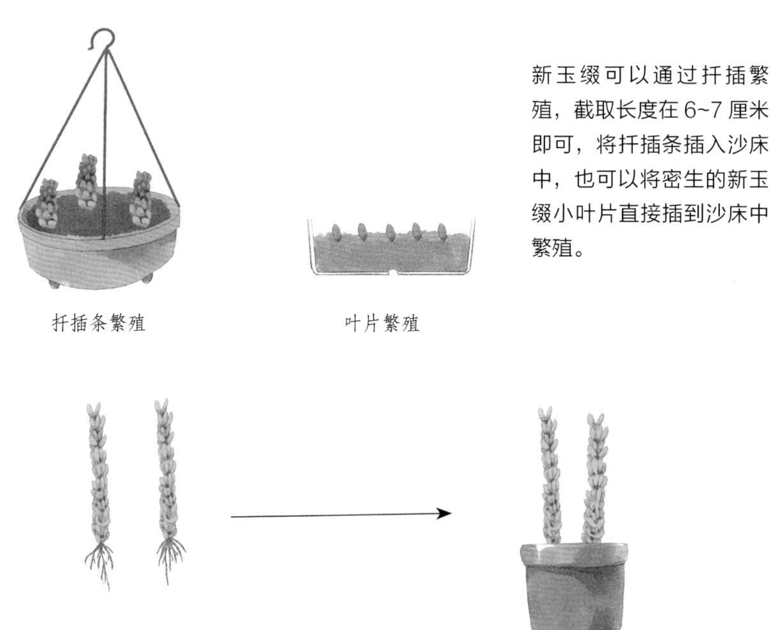

扦插条繁殖　　叶片繁殖

分株繁殖

母株带根均匀分割　　上盆

新玉缀的分株繁殖在春季气温回暖的条件下，结合换盆进行。在每年春天，将母株带根均匀分割，移栽至加入新土的盆内繁殖。